Karl Homuth

Statik Potemkinscher Dörfer

„Behutsame Stadterneuerung“ und gesellschaftliche Macht in Berlin-Kreuzberg

Ökotopia

Den
ehemaligen „Specis“
aus dem Mehringhof,
denn sie wußten schon,
warum sie aufgehört haben.

Karl Homuth

Statik Potemkinscher Dörfer

Anmerkungen zum Verhältnis von „behutsamer Stadterneuerung“ und gesellschaftlicher Macht in Berlin-Kreuzberg

Dieses Buch entstand im Zusammenhang mit der Tätigkeit des Autors am Forschungsschwerpunkt Stadterneuerung des Fachbereiches Architektur an der Hochschule der Künste Berlin. Es versteht sich als eine Streitschrift, die auf eine Auseinandersetzung über den Fortgang des Entwicklungsprozesses der Stadterneuerung in Berlin-Kreuzberg abzielt. Sie war daher auch Gegenstand kontroverser Diskussionen im FSP Stadterneuerung.
Es gehört jedoch zu den Aufgaben kritischer und zugleich praxisverbundener Wissenschaft, provokative Fragen zu stellen und damit politisch brisante und unbequeme Probleme zu thematisieren.

Homuth, Karl
Statik Potemkinscher Dörfer. Anmerkungen zum Verhältnis von „behutsamer Stadterneuerung" und gesellschaftlicher Macht. Berlin 1984. ISBN 3-923648-04-9

c/o ÖKÖTOPIA
Handels- und Verlags GmbH
Gneisenaustr. 2a
1000 Berlin 61

Umschlaggestaltung: Karl Homuth und Tariq Mousli
Satz: Gegensatz, ☎ 612 30 37, Berlin 36
Druck: agit-druck, Ahornstr. 26, Berlin 41, ☎ 791 80 05

ISBN 3-923648-04-9

Inhalt

Vorsprüche

In einem Feld ohne Codex sind alle Informationen gleich wahrscheinlich, es herrscht Entropie. Umgekehrt regiert ein übersteuerter, überregulierter Codex nur noch über Botschaften von geringem Informationsgehalt. Ordnung und Unordnung sind also, wie du siehst, relative Begriffe.

(UMBERTO ECO)

Der einflußreiche Mensch begreift sehr schnell, daß er, gleichsam indem er die anderen beeinflußt, zu einem Phänomen in ihren Köpfen wird. Will er nun „zum Wohle seiner Mitmenschen" dieses Gespenst seiner selbst bewahren, so irrt und verläuft er sich zusammen mit ihnen.

(RAOUL VANEIGEM)

Eine Fliege geht mir auf die Nerven, ich töte sie: man tötet das, was einen ärgert. Hätte ich die Fliege nicht getötet, dann aus reinem Liberalismus: ich bin liberal, um nicht ein Mörder zu sein.

(ROLAND BARTHES)

Durchaus möglich, daß Schreiben in einem wesentlichen Verhältnis zu den Fluchtlinien steht. Schreiben heißt ja, Fluchtlinien ziehen, die keineswegs imaginär sind, denen man notwendig folgen muß, weil Schreiben uns darin in Wirklichkeit engagiert, uns in sie einsteigen läßt. Schreiben heißt werden, wenngleich gewiß nicht Schriftsteller, wohl aber anderes.

(GILLES DELEUZE)

Ich befreie hiermit alle Fickbücher im Namen der Revolution!! Wo sind sie versteckt?

(FAT FREDDY)

Zwei Fundsachen zum Thema

„Potemkinsche Dörfer" in New York

New York (dpa). „Potemkinsche Dörfer" auf amerikanisch: Um den Verfall des New Yorker Stadtteils Bronx zumindest teilweise zu verdecken, will die Stadt die leeren Fensterhöhlen verlassener Häuser mit Plastikvorsätzen versehen, auf die Vorhänge, Fensterläden und Blumentöpfe gedruckt sind. Durch die Verschönerungsaktion am Rande einer vielbefahrenen Autobahn will die Stadtverwaltung nach Angaben der „New York Times" nicht nur die Moral der noch in den Slums lebenden Bewohner stärken und die Zerstörungswut von Banden mildern, sondern auch den Tausenden von vorbeifahrenen Autofahrern einen besseren Eindruck vermitteln.

(aus: Der Tagesspiegel vom 8.11.83)

South Bronx Is Dressed for Success

What's the best way to throw money at problems when the amount of money is very small and the problem enormous? That was the dilemma facing New York housing officials last fall when the city received a $ 300.000 federal grant to „improve the image" of run-down neighborhoods.

At most, the money could have financed the rehabilitation of a halfdozen apartments in a city where hundreds of buildings stand vacant, hundreds more teeter on the edge of abandonment, and whole sections of some boroughs look like sets for *The Day After*. So the city decided to spend the money combatting the *appearance* of urban decay rather than decay itself. Most of the grant went to put fake plastic windows on more than 300 of the city's biggest eyesores.

The $ 6-apiece plastic decals come in a variety of styles. Some show shutters and house plants, other curtains or shades. When pasted over boarded-up windows, they make a building look lived-in — at least from a distance. And in fact, the biggest batch of decals was dispatched to sections of the South Bronx that can be seen from the main northbound expressway out of Manhattan. Buildings in the line of sight of other major arteries may be next.

Anthony Gliedman, Commissioner of Housing Preservation and Development, explained to the *New York Times* that making the Bronx more attractive to well-heeled commuters might encourage private investment in the neighborhood. „Perception is reality", he declared. To which New York Mayor Ed Koch added, „In a neighborhood, as in life, a clean bandage is much, much better than a festering wound."

South Bronx residents aren't to sure. The window dressing comes at a time when most sources of state and federal aid to the inner city have dwindled to a tiny trickle. And even as the decal program was being unveiled, a special report to the mayor on policy options noted that neither the upturn in the national economy nor New York's own recoverey from the condition of near-bankruptcy has alleviated the problem of poverty in the city — and that, in fact, the gap between rich and poor has widened.

Some people who live in the South Bronx fear that disguising the neighborhood as a homey, thriving borough will delay rather than expedite actual redevelopment — out of sight, out of mind. Certainly no one expects a bona fide initiative to rebuild blighted areas from the administration that declared catsup and relish real food. For now, one local resident real food. For now, one local resident whose opinion was solicited by the *Times* suggested wryly that the city also send along Mercedes Benz decals for the cars, and steak decals for the tables.

(aus: New Age, Brighton (MA), USA, January 1984)

Erster Teil:
Teilansichten „behutsamer Stadterneuerung“

Wende in der Sanierungspolitik

Die Formel „behutsame Stadterneuerung" fungiert heute als Markenzeichen für das *fortschrittlichste* sanierungs- und sozialpolitische Konzept, das derzeit in innerstädtischen Altbauquartieren praktiziert wird. Unter der Regie der Internationalen Bauausstellung Berlin (IBA) konnte in Berlin-Kreuzberg ein Prozeß in Gang gesetzt werden, der als beispielhaft für die Entwicklung und Erprobung sozialorientierter Strategien einer baulichen, gesellschaftlichen und administrativen Erneuerungspraxis gilt. Insbesondere wird als Erfolg gewertet, daß es mit der „behutsamen Stadterneuerung" gelungen ist, den baulichen Verfall des Viertels zu bremsen, die Wohnverhältnisse zu bessern, die infrastrukturelle Ausstattung zu erweitern, Planungsprozesse zu demokratisieren, Verfahrensabläufe zu entbürokratisieren sowie Freiräume für soziale Experimente zu schaffen.

Das tatsächliche Ausmaß und die Bedeutung dieser Errungenschaften vermag nur jemand zu erfassen, der sich eine Vorstellung der heutigen Situation in Kreuzberg 36 *ohne* das Engagement der IBA machen kann. Ein Vergleich der Fortschritte in Kreuzberg 36 mit anderen Berliner Sanierungsgebieten vermittelt nur einen blassen Eindruck der Reformqualitäten „behutsamer Stadterneuerung": Zu tiefgreifende Zerstörungen mußte dieses Gebiet in Bezug auf soziale Strukturen, bauliche Substanz und ökonomische Lebensfähigkeit in seiner zwanzigjährigen Verfallsgeschichte erleiden.

Zentrale Ursachen dieser Entwicklung liegen im Scheitern wechselnder Sanierungsprogramme, die auf politischen Fehleinschätzungen beruhten bzw. vom wirtschaftlichen Wachstum abhängig waren. Sie begünstigten wohnungswirtschaftliche Verwertungsstrategien, die auf Spekulation, Luxusmodernisierungen und Neubauprojekte ausgerichtet waren. Als Folge setzte sich ein Teufelskreis von Desinvestition, Wohnungsleerstand, Wohnraumvernichtung, Verslumung und gewaltsamem Bevölkerungsaustausch in Gang. Am Ende dieses Prozesses, der sicherlich auch durch übergreifende gesellschaftliche Umstrukturierungen beschleunigt wurde, herrscht *Wohnungsnot*, drängen verstärkt *marginalisierte Bevölkerungsgruppen* nach Kreuzberg 36, steckt die staatliche Wohnungs- und Sozialpolitik in einer tiefen *Legitimationskrise*, und schließlich offenbart sich die Situation eines wohnungswirtschaftlichen *Nichts-geht-mehr*.

Auf dem Hintergrund dieser Ausgangslage vermögen die Leistungen „behutsamer Stadterneuerung" und ihres Motors, der IBA, durchaus zu beeindrucken. Sie konnte in Kreuzberg 36 den Einfluß wohnungswirtschaftlicher Interessengruppen zeitweise eindämmen und ein *nicht*mietwirksames *Instandsetzungsprogramm* durchsetzen. Sie entwirft Alternativen zur Schwerfälligkeit der großen, landeseigenen Wohnungsbaugesellschaften, indem sie das Entstehen von Selbsthilfegruppen, Genossenschaftsprojekten und flexiblen, *sozialorientierten Trägern* unterstützt. Sie verfügt über die notwendige politische Schubkraft, um längst überfällige Investitionen in den Ausbau der sozialen *Infrastruktur* des Bezirks einzuleiten. Sie durchbricht das Dickicht bürokratischer Arroganz und Unbeweglichkeit, indem sie Planungsabläufe *dezentralisiert* und transparent macht. Schließlich gewährleistet sie die zügige Abwicklung der Sanierungsmaßnahmen, indem sie mögliche Hindernisse in *demokratischen Abstimmungsverfahren* ausräumt.

Besondere Hervorhebung verdient, daß sich die „behutsame Stadterneuerung" an den Lebensverhältnissen, den speziellen Problemen und *Bedürfnissen der Gebietsbewohner* orientiert; ihre Aktivitäten leiten sich aus Forderungen von Mieterläden und Bürgerinitiativen her. Auch das Engagement der Akteure „behutsamer Stadterneuerung" gilt als beispielhaft: Immerhin können sie für sich reklamieren, soziale und bauliche Fortschritte in *permanenten Konflikten* mit wohnungswirtschaftlichen Interessengruppen und politischen Institutionen durchgesetzt zu haben. Ferner gelang es ihnen, bereits vor Ort entwickelte *Partizipationsformen* zu stabilisieren und weiterzuführen. Und schließlich verdankte ihnen die Instandbesetzerbewegung nicht nur fachliche Unterstützung sondern auch *politische Absicherung*.

Angesichts dieser Erfolgsbilanz und ihrer politischen Parteilichkeit wundert es nicht, daß die „behutsame Stadterneuerung" heute eine Art *Identifikationsmodell* darstellt: Bei Mietervertretern, in der alternativen Szene und innerhalb einer breiten Fachöffentlichkeit verfestigt sich zunehmend die Vorstellung, die spezifischen Arbeitsweisen, Planungsstrukturen und Interventionsformen „behutsamer Stadterneuerung“ gründeten wesentlich in den wohlverstandenen Belangen der sogenannten Betroffenen. Insofern verkörpere „behutsame Stadterneuerng“ das Modell einer *Wende in der Sanierungspolitik*. Es existiere keine sozialorientierte Alternative zur „behutsamen Stadterneuerung“ als *Entwicklungskonzept* für Kreuzberg.

Andere Wege gibt es nicht

TIP: ***Was meinen Sie nach fünf Jahren IBA-Arbeit: Vermochte sie Kreuzberg vor dem bereits begonnenen Untergang zu retten? Gibt es für diesen gebeutelsten Bezirk Berlins wieder so etwas wie eine Perspektive?***

Orlowsky: Für die Neubau-IBA läßt sich hier keine Antwort geben. Es ist außerdem noch völlig offen, was sie bis 1987 präsentieren kann. Bislang hat sie ja nur wenig vorzuweisen. Anders die Altbau-IBA: In diesem Jahr ist bereits die Hälfte aller Projekte vorzeigbar, 1987 wird dann alles vorzeigbar sein, sofern allerdings der Geldhahn mit den öffentlichen Mitteln nicht zugedreht wird. Wenn das passiert, gerät alles ins Stocken, dann werden große Teile Kreuzbergs weiter vor sich hinmodern. Wenn die Arbeit jedoch so weitergehen kann wie bisher, dann meine ich schon, daß Kreuzberg gerettet werden kann. Zumindest jedoch vermochte die IBA die richtigen Wege aufzuzeigen. Ich will es ausdrücklich sagen: Diese Wege sind die einzig richtigen, andere Wege gibt es nicht. Den Beweis dafür haben wir Schwarz auf Weiß: Es gibt in Kreuzberg keinen Bevölkerungsrückgang mehr. Das haben wir im wesentlichen der IBA zu verdanken.

(Interviewauszug aus TIP, Berlin Magazin 11/84)

Diese Bewertung „behutsamer Stadterneuerung" stützen auch durchaus *kritische Positionen* zur Praxis der IBA. Trotz unterschiedlicher Schwerpunkte bei der Interpretation der Aufgaben der IBA weisen die von Bewohnervertretungen, politischen Gruppen und am Erneuerungsprozeß beteiligten Institutionen vorgebrachten Kritikansätze dieselbe Struktur auf: Sie konstatieren Versäumnisse, Inkonsequenzen, Organisationsprobleme und einige Fehler, zu deren Korrektur sie eine *Weiterentwicklung* „behutsamer Stadterneuerung" vorschlagen.

Werfen wir einen kurzen Blick auf die zentralen Inhalte der Kritik: Sie bemängeln das Fehlen von Konzepten zur Senkung der Mieten. Sie monieren den Abbau der Mieterberatung und stellen die Wirksamkeit einzelner Instrumente der Betroffenenbeteiligung in Frage. Sie prangern weiterhin an, daß senatseigene Wohungsbaugesellschaften in Kreuzberg 36 der privaten Häuserspekulation Vorschub leisten. Sie verurteilen die weitgehende Ausklammerung der Gewerbeproblematik. Sie betonen die Abstimmungs- und Koordinationsdefizite der IBA gegnüber den Verwaltungen. Und schließlich kritisieren sie, daß die „behutsame Stadterneuerung" durch Bindungen an bestehende Finanz- und Bauordnungen sowie mangelnde Kompetenz der IBA gegenüber Sanierungsträgern bzw. für ressortübergreifende Querschnittsaufgaben behindert wird.

Es fällt auf, daß die skizzierten Einwände zur „behutsamen Stadterneuerung" zentral ihre *politischen Rahmenbedingungen* thematisieren; die Praxis der IBA wird an Leistungserwartungen gemessen, zu deren Realisierung sie nicht die erforderlichen Handlungskompetenzen und Weisungsbefugnisse besitzt. Daher mündet die Kritik an der Praxis der „behutsamen Stadterneuerung" auch übereinstimmend in der Forderung nach institutioneller Absicherung von Aktionsfeldern, nach klar definierten Aufgabenstellungen und Zuständigkeiten sowie nach reibungsarmen und kooperativen Abstimmungsprozeduren. Kontroversen bestehen hauptsächlich in den Fragen, *in welchem Maß* die „behutsame Stadterneuerung" in die Verantwortung des Bezirks Kreuzberg überführt werden soll, *ob* die „behutsame Stadterneuerung" mit ausreichenden Finanzmitteln und ressortübergreifenden Kompetenzen ausgestattet und *wie* die organisatorische Struktur der „behutsamen Stadterneuerung" in Bezug auf Flexibilität und Konsensfähigkeit optimiert werden kann.

Ohne Zweifel wird der Ausgang dieser Kontroversen darüber entscheiden, welche Modifikationen „behutsame Stadterneuerung" zu-

Hilfe! Der neue Bausenator bringt alles durcheinander!

Kreuzberg 1983: Behutsame Stadterneuerung in Gefahr!

Unglaublich, was wir, die Bewohner der Sanierungsgebiete um das Kottbusser Tor uns von der Obrigkeit der Stadt bieten lassen müssen: Kaum ein paar Wochen im Amt, da sagt der neu Bausenator Franke, CSU, dem Bezirk Kreuzberg den Kampf an. Genauer gesagt, der Behutsamen Stadterneuerung hier im Gebiet 'Luisenstadt'.
Wie kam es dazu? Was bedeutet das? Wie können wir uns dagegen wehren?

Wie alles anfing

Das ganze Elend begann 1963, als Teile Kreuzbergs zum Sanierungsgebiet erklärt wurden. Die Luisenstadt sollte einer Wiedervereinigungs-Autobahnplanung geopfert werden. Kahlschlag begann, der Bezirk leerte sich. Dann stoppten die Politiker den Autobahnbau wieder und überließen das Gebiet den Spekulanten. Flächensanierung setzte ein, lieblose Husch-husch-Planungen entstanden — am Kotti ist davon genug zu sehen: Beton-Neubauten mit den entsprechenden Mieten im Gefolge. Die Idee des Senats war, damit neue zahlkräftige Bevölkerung in den Kreuzberger Slum zu pumpen, heraus kam aber nur ein Ansteigen der Kreuzberger Sozialhilfe — diese Mieten konnten oft nur noch vom Sozi getragen werden.

Die IBA

Berliner Geldmangel (Garski!) und Kreuzberger Betroffenenwiderstand brachten diesen teuren Unsinn schließlich zum Stehen und Harry Ristock war es dann 1979, der eine hochqualifizierte Expertengruppe einsetzte, die bis 1984 auf die Reihe kriegen sollte, was Bezirks- und Senatsbauverwaltungen versiebt hatten: Die Reparatur des ältesten Stadtviertels von Westberlin. Da das Ganze dann der restlichen Welt vorgestellt werden sollte, hieß diese halbstaatliche, Uni-ähnliche Organisation „Internationale Bauausstellung", kurz IBA. Sie sollte die Regie der Stadtreparatur übernehmen.

Behutsame Stadterneuerung

Das heißt:
— Sanierung ohne Verdrängung der Bewohner
— Volle Beteiligung der Betroffenen an der Planung
— Beratung der Mieter durch unabhängige Fachkräfte.
Die Luisenstadt wurde nun zur Großbaustelle. Damit begann ein mühseliger Gesundungsprozeß des Kiezes, der allen Beteiligten

erneut große Anstrengungen aufbürdete. Auch die IBA hatte es nicht leicht: Zu lange waren die Gebietsbewohner von Planerwillkür und Spekulantenunwesen betrogen worden, zusehr Spielball der Politiker waren sie gewesen. Groß also das Mißtrauen und die Resignation unter ihnen.

Doch die IBA ließ nicht locker. In zäher Kleinarbeit erwarb sie sich das Vertrauen der Bewohner, behandelte Instandbesetzer wie normale Selbsthilfegruppen und gewann den damaligen Bausenator Rastemborski, einen zweiten Schritt zu unternehmen: Die Einrichtung einer „Erneuerungskommision Kottbusser Tor" im Frühjahr 1981. Zunächst nur als Arbeitsgruppe, AEK, mit dem Auftrag, in ihrer Praxis eine feste EK zu entwickeln. Dort sollten dann die Betroffenen mit Stimmenmehrheit vertreten sein. Dazu wurden „12 Grundsätze der Behutsamen Stadterneuerung" aufgestellt und vom Berliner Abgeordnetenhaus abgesegnet.

Die Weichen für eine Zukunft Kreuzbergs schienen gestellt. Mehr als 30 Tagungen der AEK hatten erbracht:

— Der von IBA und AEK eingeschlagene Weg ist für Kreuzberg der richtige.

— Betroffenenbeteiligung ist möglich — auf längere Sicht jedoch nur, wenn reelle Angebote vom Staat kommen, wenn die Bewohner also wirklich mitbestimmen können.

— Dazu braucht ihr Gremium, die Erneuerungskommission, aber mehr Kompetenz und finanzielle Mittel.

— Dies fordert inzwischen auch der Bezirk vom Senat.

Das Unheil naht

So ist der Stand im Spätsommer 1983. Da gibt plötzlich Bausenator Rastemborski auf. Sein Nachfolger Franke versucht nun, die große Wende (nach rechts) auch in die Kreuzberger Sanierung zu tragen: Die IBA will er abschaffen und alles irgendwelchen privaten Planungsfirmen übertragen. Die EK soll kleingehalten werden. Die eigentümer-unabhängige Mieterberatung flachfallen. Bewohnerwille wird nicht mehr respektiert: auf einigen freien Grundstücken, die von Anwohnern als Grünflächen gewünscht werden, soll wieder Beton hin (Naunynstr. 78/79, Manteuffel 43, Kohlfurter 48). Am brutalsten geht es an der Kottbusser Brücke zu: Der 7-geschossigen Neubauplanung soll das Haus Fraenkelufer 4 zum Opfer fallen!

Weiteren vier instandbesetzten Häusern im dortigen Block 89 verweigert Franke die ausgehandelten Erbpachtverträge. Er droht mit ASOG und Räumung — der Kreuzberger Sanierungsfrieden ist gebrochen.

Was tun?

Auf der letzten AEK-Tagung Mitte Oktober wurde die Frage gestellt, ob die Betroffenen nicht in den Streik treten sollten.

Auf der kommenden Tagung, am 1. November soll diese Frage beantwortet werden.

Je mehr Bewohner dies tun — also dorthin kommen und mitbestimmen — desto besser wäre es für die Behutsame Erneuerung der Luisenstadt, für den Weg in eine Kreuzberger Zukunft!

Also: Am 1.11. ab 17 Uhr im AEK-Laden Dresdener Straße 15

(Nachdruck: Kiez Depesche 28.10.1983, Extrablatt Nr. 2)

künftig erfahren wird; daher befürchten IBA-Akteure und fortschrittliche Kritiker der „behutsamen Stadterneuerung" unisono, daß restriktive Veränderungen der institutionellen Struktur „behutsamer Stadterneuerung" wenn nicht den Fortbestand so doch zumindest die notwendige Weiterentwicklung innovativer und sozialorientierter Ansätze gefährden können. Sie deklarieren die fortwährenden Angriffe, Reglementierungen und Umstrukturierungsabsichten des Senats gegenüber der IBA als Versuche repressiver politischer *Vereinnahmung*, nachträglicher *Entstellung* und legitimatorischen *Mißbrauchs* „behutsamer Stadterneuerung". Droht hier das Ende fortschrittlicher Stadtentwicklung in Kreuzberg? Versucht der Senat, im Zuge des sozialpolitischen *roll-back* die „behutsame Stadterneuerung" *von außen* abzuschaffen?

Die Perspektive dieser Befürchtungen deutet an, daß die durch die „behutsame Stadterneuerung" forcierte Politisierung der Sanierungsproblematik eine gewisse *Ideologisierung* und *Enthistorisierung* begleitet — *hierin liegt offenbar ihre Wirkung als Identifikationsmodell:* Denn das Verhältnis zwischen „behutsamer Stadterneuerung" und den Instanzen herrschender Politik wird implizit als *äußerer Gegensatz* interpretiert. Es besteht die Auffassung, der aktuelle Charakter „behutsamer Stadterneuerung" schließe ihr Funktionieren als Transformationsagentur gesellschaftlicher und politischer Herrschaftsinteressen strukturell aus. „Behutsame Stadterneuerung" wird so außerhalb der *Kontinuität* bisheriger Wohnungspolitik angesiedelt; genauer gesagt: die traditionellen sozialpolitischen Folgen von Sanierungsstrategien — also etwa die gewaltsame Umstrukturierung sozialer Milieus, die Ausweitung administrativer Planung und der Ausbau soziopolitischer Kontrollmechanismen, schließlich die radikale Veränderung von Lebensbedingungen —gelten durch die Praxis der „Behutsamkeit" als überwunden, die *immanente* repressive Wechselwirkung zwischen staatlicher Wohnungs- sowie Sozialpolitik scheint außer Kraft gesetzt.

Diese Klassifizierung „behutsamer Stadterneuerung" dürfte eher einen politischen Anspruch oder ein soziales Programm als die herrschende Realität charakterisieren. Denn sie verkennt *und verschleiert*, daß „behutsame Stadterneuerung" von Beginn an *auch* administrative Funktionen wahrnimmt. Sie experimentiert an Problemen, die im Rahmen bisheriger Wohnungspolitik kaum lösbar erschienen: Sie trägt etwa der Entwicklung öffentlicher Haushalte Rechnung, indem sie ein *Sparkonzept* praktiziert. Sie bindet *Protestpotential* in

Strukturen aktiver Mitarbeit ein. Sie dehnt die *Konsensfähigkeit* städtebaulicher Veränderungen auf bisher unbeteiligte Bevölkerungsgruppen aus. Sie überträgt Forderungen, Interessen und Bedürfnisse einer heterogenen Vielzahl von „Betroffenengruppen" in *verwaltungsadäquate Problemdefinitionen und Handlungsabläufe*; dabei flexibilisiert, sensibilisiert und reformiert sie gleichzeitig die herrschende Administration. Sie *ergänzt* das traditionelle Planungsinstrumentarium um kleinteilig und schrittweise operierende Elemente. Sie begegnet der wohnungspolitischen *Legitimationskrise*, indem sie in Kreuzberg 36 skandalöse Stadtzerstörungspraktiken unterbindet. In alldem fungiert sie als Ausstellungsstück Berliner Stadtentwicklungspolitik.

Funktioniert also die Sozialorientierung „behutsamer Stadterneuerung" bloß als *ideologische Ummäntelung* politisch-administrativer Interessen? Zielen folglich die Interventionen des Berliner Senats in die „behutsame Stadterneuerung" lediglich auf *Akzentverschiebungen* in einzelnen Praxisbereichen und auf die Modifizierung *bestehender Binnenstrukturen?*

Auf jeden Fall dokumentiert die Auseinandersetzung um Aufgaben, Kompetenzen und organisatorische Strukturen der IBA, daß der durch die „behutsame Stadterneuerung" repräsentierte sanierungspolitische *status quo* politisch instabil ist. „Behutsame Stadterneuerung" stellt keinesfalls ein politisch abgesichertes und fest institutionalisiertes Verfahren dar. Sie verkörpert vielmehr einen *konflikthaften Prozeß*, dessen Verlauf wesentlich vom *Kräfteverhältnis* zwischen sozialen Widerstandspotentialen sowie administrativen und wohnungswirtschaftlichen Koalitionen auf der anderen Seite abhängt. So verdankt die IBA als Motor „behutsamer Stadterneuerung" ihre Handlungsspielräume maßgeblich dem politischen Druck, der durch den Legitimationsverfall staatlicher Wohnungsplitik und manifeste Protestaktionen erzeugt wurde. Gleichzeitig liegen die Grenzen ihres Aktionsradius in den ihr durch den Senat zugestandenen Kompetenzen, finanziellen Ressourcen und institutionellen Rahmenbedingungen.

„Behutsame Stadterneuerung" ist also *doppelt determiniert*: Sie fungiert als Vehikel sozialer Belange wie auch wohnungswirtschaftlicher und politischer Interessen; sie nimmt anwaltliche Aufgaben für die sogenannten Betroffenen und gleichzeitig einen treuhänderischen Auftrag für den Senat wahr, dennoch ist sie weder Betroffenenvertretung noch Verwaltung. Vielmehr verkörpert sie eine Art *politi-*

schen Vermittlungsprozeß zwischen den verschiedenen wohnungspolitischen Akteuren; hieraus resultiert strukturell die *Ambivalenz* ihrer Ergebnisse.

Wie aber läßt sich die Vermittlerrolle „behutsamer Stadterneuerung" politisch bewerten? Nutzt sie als *Doppelstrategie* der Verankerung sozialer Belange in der Berliner Wohnungspolitik? Ist sie vielleicht sogar notwendige *realpolitische Voraussetzung*, um die erzielten Fortschritte institutionell abzusichern? Diese Auffassung scheinen die Akteure „behutsamer Stadterneuerung" zu vertreten, wenn sie die administrativen, legitimatorischen und wirtschaftlichen Vorzüge ihrer Arbeit betonen. Aber setzen sie nicht so das *Vertrauen* der „Betroffenen" und ihrer Vertretungsorgane aufs Spiel, das ihnen gerade aufgrund ihrer oppo-sitionellen Haltung gegenüber dem Senat erwächst? Verlagern sie dadurch das erneuerungspoltische Kräfteverhältnis zugunsten der administrativen Seite? Versuchen sie nicht letztlich, das Modell einer Wende der Sanierungspolitik um den Preis eines *inhaltlichen Aderlasses* zu stabilisieren?

Kaputte Stadt heilen

Stellen wir uns vor, „behutsame Stadterneuerung" gehöre zur Gruppe jener Disziplinen, deren Aufgabe im *Helfen* besteht. Ähnlich wie bei Pädagogik, Medizin oder etwa Sozialarbeit ginge es darum, in krisenhafte Prozesse zu intervenieren, Störungen zu beseitigen, notwenige Funktionen zu erhalten, Defizite auszugleichen und schwierige Entwicklungen zu unterstützen. Nur, daß der Klient bzw. Patient nicht ein Individuum oder eine Gruppe sondern ein Stadtviertel mit einem spezifischen sozialen Gefüge wäre.

Ohne Zweifel bedarf das Helfen eines gewissen Engagements. Wie der Arzt oder der Sozialarbeiter muß auch der Akteur „behutsamer Stadterneuerung" *Partei ergreifen*: für seinen „Patienten" und gegen bedrohende, zerstörende Einflüsse. Schon das Stellen einer Diagnose über die Entwicklung Kreuzbergs 36 beinhaltet eine grundlegende Kritik bisheriger Sanierungspolitik. Und weil der Zustand des „Patienten" das Resultat herrschender politischer, gesellschaftlicher und ökonomischer Kräfteverhältnisse verkörpert, bedeutet Engagement auch immer Konfliktbereitschaft und den Mut zu Veränderungen: Es ist gewiß eine neuartige und mit Widerständen konfrontierte Praxis, „kaputte Stadt zu retten" und mit gefährdeten baulich-räumlichen Qualitäten behutsam umzugehen; auch stößt der Versuch auf bürokratische Behinderungen, *bestehende* Sozialstrukturen zu stabilisieren und die vorhandenen sozialen *Selbstheilungskräfte* zu aktivieren.

Die Parteinahme für die sogenannten Betroffenen beeinflußt deren gesellschaftlichen Status; denn die Perspektive, aus der Patienten/Klienten/„Betroffene" behandelt werden, kehrt sich um: Objekte wandeln sich zu Beteiligten, vermeintlich kranken Sozialformationen werden kulturelle Kompetenzen zuerkannt, gesellschaftliche Benachteiligung ist nicht mehr notwendigerweise Anlaß für soziale Stigmatisierung. Damit vollzieht „behutsame Stadterneuerung" einen *Paradigmenwechsel* nach, der die fortgeschrittenen Sektoren z. B. von

Medizin, Pädagogik und Psychiatrie in den letzten Jahren auszeichnete.

Diese Veränderungen betreffen nicht bloß die öffentliche Wirkung des theoretischen Diskurses dieser Disziplinen. Weil ihre Praxis *zugleich* Forschung und Anwendung umfaßt, ergibt sich eine charakteristische Arbeitsweise: Sie basiert wesentlich darauf, daß zwischen professionellen Helfern und den „Betroffenen" eine *Kooperation* zustande kommt. Eine Hilfeleistung führt nur dann zu nachhaltigem Erfolg, wenn sie angenommen wird. Sie setzt also seitens des „Betroffenen" einen Leidensdruck, ein Bewußtsein des Mangels, die Formulierung von Interessen bzw. die Existenz von Wünschen voraus; gleichzeitig befindet er sich in einer Situation, in der er sich auf kompetente Unterstützung angewiesen fühlt. Der Professionelle wiederum braucht die aktive Mitwirkung des „Betroffenen", da er Prozesse der Gesundung, des Lernens, der psychischen Verarbeitung oder der Veränderung von Einstellungen zu Problemen des täglichen Lebens zwar vielleicht initiieren aber nicht stellvertretend ausführen kann; er bedarf der vertrauensvollen Kooperation um so mehr, als seine Hilfeleistung nicht einem Patentrezept folgen, sondern sich auf eine detaillierte Problemkenntnis stützen will.

Nun verläuft die Entstehung bzw. der Erhalt solcher kooperativen *Beziehungen* nicht ohne Komplikationen. So gibt es sicher Situationen, in denen vom Helfer mehr erwartet wird, als er zu leisten imstande ist. Hier wird der Helfer auf die Grenzen seiner Möglichkeiten hinweisen müssen, um zu vermeiden, daß an die Stelle von Kooperation unter der Hand eine fiktive Delegation tritt. — Eine beihnahe gegensätzliche Konstellation finden wir vor, wenn der „Betroffene" der Aufnahme einer Beziehung skeptisch, abwehrend oder gleichgültig gegenübersteht: Hat zum Beispiel die Dauer eines Leidens den Patienten bzw. die Schwierigkeit einer Aufgabe den Schüler in Resignation versezt, bedarf es der *Motivation* durch den Helfer. Oder fühlen sich etwa Kreuzberger Bewohner durch wiederholte leere Versprechungen tief getäuscht, muß sie der Mieterberater von seiner *Seriosität und den Realisierungschancen* gemeinsamer Bemühungen überzeugen. Das heißt, daß die *Initiative* zunächst einseitig vom Helfer ausgeht. — Noch anders stellt sich das Problem, wenn Entscheidungen zu treffen sind, die über den unmittelbaren Horizont bzw. das kurzfristige Interesse der „Betroffenen" hinausgehen. Das ist der Fall, wenn etwa konkurrierende Ansprüche auf die Nutzung eines Hauses vorliegen. Hier wird vielleicht einvernehmlich geklärt werden können, welcher Nutzung innernhalb eines übergreifenden städtebaulichen Kozepts Priorität einzuräumen wäre. Den Akteueren „behutsamer Stadterneuerung" käme eine Art auf Vertrauen und Sachkenntnis gestützte Vermittler- bzw. letztlich *Schiedsrichterfunktion* zu. Oder es wäre notwendig, Planungsunterlagen zu fertigen und Geldmittel zu beantragen, um in mehreren Jahren ein Kulturzentrum bauen zu können. In diesem Beispiel nähmen die Professionellen nach Maßgabe einer zu erwartenden Bedarfslage *anwaltliche* Aufgaben wahr. Ihr Handeln richtet sich an generell unbestrittenen, im Einzelfall jedoch *noch nicht* formulierten Interessen der „Betroffenen" aus. Das so entstehende *konkrete* Legitimationsdefizit trachten sie durch laufende Information über ihre Arbeit bzw. durch nachträgliche Erklärung auszugleichen.

Unser Denkmodell, die Arbeitsweise „behutsamer Stadterneuerung" idealtypisch als *Herstellung kooperativer Beziehungen* aufzufassen, leugnet also keineswegs bestehende *Ungleichheiten* zwischen Helfern und „Betroffenen". Es unterstellt vielmehr die Wirksamkeit von Mechanismen, die ein ungleiches Verhältnis *transparent und regelbar* machen: kontinuierlichen Informationsfluß sichern; sich gegenseitig auf Ziele, Funktionen ud Kompetenzen verständigen; in demokratischen Verfahren Entscheidungen finden; Einspruchsrechte festlegen; informelle, vertrauensbildende Strukturen schaffen.

Gewiß konnten sich im Prozeß „behutsamer Stadterneuerung" eine Reihe solcher Mechanismen entwickeln. Insofern bedeutet „behutsame Stadterneuerung" einen gewaltigen Schritt weg von den autoritär-bürokratischen Planungs- und *Nicht*beteiligungsverfahren vergangener Jahre. Denken wir nur an die Praxis der Hausversammlungen und der begleitenden Mieterberatung, an die öffentlichen Erörterungs- und Diskussionsveranstaltungen, an das Konzet der im Quartier verankerten Partizipationsgremien wie *AEK* (Arbeitsgruppe Erneuerungskommision am Kottbusser Tor) und *Stadtteilausschuß* (im Strategiengebiet) oder an die zahllosen informellen Gespräche, Beratungen, Absprachen zwischen Architekten und Mietern bzw. zwischen Infrastrukturplanern und Bürgerinitiativen. Diese Aktivitäten dienen zweifellos der Kooperation bei Planung und Durchführung. Sie werden von dem Bestreben getragen, einen breiten Konsens herzustellen.

Was aber passiert, wenn jemand (resp. eine soziale Gruppe) nicht kooperieren *will*? Sei es, daß er seine Interessen besser allein wahrnehmen zu können meint, oder sei es, daß er sich von der „behutsamen Stadterneuerung" keine Verbesserung seiner Situation verspricht. Kommt dann eben keine Beziehung zustande? Oder wird er *unbeteiligt* beplant, wird *über ihn hinweg* veranlaßt und durchgeführt? Wandelt sich dann unversehens die auf Kooperation angelegte Arbeitsweise in Richtung *vormundschaftlicher Versorgung*?

Ungewollt beplant.

1983. Kreuzberg 36, Naunynstraße — ein Musterfall dafür, wie Stadterneuerung in einen Stadtteil eingreifen kann. Die eine Straßenseite: Der Block 100 — Kahlschlag, Neubau aus Beton, versteht sich. Gegenüber: Die alten Mietskasernen — zunächst für durchgreifende Modernisierung ausersehen, mit Entkernung des Blockinnenbereichs und ohne Befragung der Mieter, auch das versteht sich. Eigentümerin des Hauses ist eine landeseigene Trägergesellschaft.

Doch nun soll alles anders werden. So wollen es jedenfalls die hier im Rahmen „behutsamer Stadterneuerung" tätigen Mieterberater: Sie wollen die Planungen des alten Sanierungsträgers kippen und durch das IBA-Konzept ersetzen. Dies sieht für unser Beispielhaus vor, daß „behutsam" instandgesetzt wird. Es soll vermieden werden, die Bewohner zu entmieten und zu vertreiben. Wir werden beauftragt, in einem Bausubstanzgutachten zu prüfen, ob die zu erwartenden Baumaßnahmen in das IBA-Konzept passen. Um es vorweg zu nehmen: Sie passen, die Bewohner können bleiben, der Seitenflügel wird nicht abgerissen.

Im Haus leben 9 Parteien, vier türkische, vier deutsche und eine jugoslawische. Um unsere Untersuchungen vornehmen zu können, müssen wir in die Wohnungen. Bei den meisten Mietern stoßen wir auf Ablehnung. Ein wesentlicher Grund: Was wir denn wollen. Es seien im Laufe der Jahre schon mehre-

re Kollegen dagewesen. Alle hätten das Blaue vom Himmel versprochen. Und hinterher hätte sich keiner wieder blicken lassen.

Wir müssen diese „widerspenstigen" Mieter regelrecht überzeugen: davon, daß wir wirklich *ihre Interessen vertreten. Oder anders ausgedrückt: die Mieter vollquatschen, daß wir die Richtigen sind.*

Zum Beispiel den 80jährigen Rentner. Er begegnet uns auf dem Hinterhof. Mit dem Krückstock gestikuliert er: „Was macht Ihr denn hier!" *Seine Ablehnung löst sich erst, als er mit unserem Statiker ins Gespräch kommt — sie reden über Jugenderinnerungen im heutigen Ostteil Berlins. Noch leicht mißtrauisch, gestattet er uns schließlich doch Untersuchungen in seiner Wohnung.*

Auch dies gehört noch zu diesem Beispiel: Die Alternativplanung im Nebenhaus *steht bereits. Die meisten Mieter können während der Umbaumaßnahmen in ihren Wohnungen bleiben; in einigen Fällen soll es Umsetzungen innerhalb des Hauses geben. Dann findet ein Gespräch auf höchster Kreuzberger Sanierungsebene statt.*

Es nehmen Teil ein Verantwortlicher der Kreuzberger Bauverwaltung, ein IBA-Koordinator, ein Vertreter der landeseigenen Trägergesellschaft und einige Mieterberater — die Mieter selbst sind nicht anwesend. Nun ist plötzlich die Rede davon, die Bewohner sollten geschlossen in den Komplex am Fraenkel-Ufer umgesetzt werden. Damit würde ein von den Mieterberatern in langwierigen Absprachen mit den Bewohnern entwickeltes Ablaufkonzept über den Haufen geworfen. Die Mieterberater bleiben stumm.

Ahnten sie im Sommer 1983 bereits, daß ein knappes Jahr später auch diese Planung noch auf ihre Realisierung wartet? Wird auch diese Planung wieder fallengelassen? Auf jeden Fall sind ihre Aktivitäten zur Bewohnerbeteiligung heute versandet. Aber vielleicht haben die nächsten Mieterberater, die sich dieses Problems annehmen, ja mehr Erfolg.

Daß dem so ist, liegt in der *Struktur* der angestrebten Beziehungen begründet. Denn das Verhältnis zwischen den sogenannten Betroffenen und den Akteuren „behutsamer Stadterneuerung" konstituiert sich nicht im herrschaftsfreien Raum, sondern unterliegt handfesten politischen Zwängen — es bestehen sozusagen Abhängigkeiten und Verpflichtungen gegenüber Dritten. Daran ändert auch nichts, daß die Akteure „behutsamer Stadterneuerung" ihre Praxis als Bruch oder Alternative zu allen bislang betriebenen Sanierungsverfahren auffassen; Tatsache bleibt, daß zur Durchführung der „behutsamen Stadterneuerung" vom Berliner Senat ein *Treuhänder* — die Internationale Bauausstellung GmbH — bestellt und institutionalisiert wurde. Diese Beauftragung bindet die „behutsame Stadterneuerung" in ein Geflecht von vorgegebenen Zeitschemen, Rechtsnormen, Problemdefinitionen, Handlungsvorschriften und politischen Interessenkonstellationen ein, das sie zwar kritisieren und partiell verändern aber nicht verlassen kann.

Mit dieser Aussage bestreite ich nun keinesfalls die Ernsthaftigkeit und Aufrichtigkeit der Akteure „behutsamer Stadterneuerung", ihre Arbeit auf der Grundlage kooperativer Beziehungen mit den sogenannten Betroffenen zu verrichten. Ich behaupte lediglich, daß diese Beziehungen — *obwohl* sie aus freien Stücken eingegangen werden und gemeinsame Anliegen verfolgen — auch auf *äußeren Herrschaftsstrukturen* basieren. Deren determinierende Wirkungen bleiben solange verborgen, wie die intersubjektive Ausgestaltung einer Beziehung mit ihnen korrespondiert. Kommt jedoch keine Kooperation zustande bzw. wird sie von den sogenannten Betroffenen abgebrochen, drängen die äußeren Handlungszwänge nach anderen Realisierungsmöglichkeiten. Insofern können wir davon sprechen, daß Beteiligung, Mitsprache, Kooperation und Beziehungen gleichsam als *intersubjektiver Vorhang* sozialpoltische Herrschaftsstrukturen verdecken.

Liegen wir also mit unserem Denkmodell schief, die „behutsame Stadterneuerung" mit anderen Disziplinen der institutionalisierten Hilfe zu vergleichen? Durchaus nicht, betrachten wir nur einige banale und alltägliche Beispiele: Wie verhält sich etwa ein fortschrittlicher Lehrer, dessen Schüler fortwährend den Unterricht stört? Wie verfährt ein engagierter Anstaltsarzt, dessen drogenabhängiger Patient nicht in einen „freiwilligen" Entzug einwilligen will? Oder wie handelt ein tüchtiger Sozialarbeiter, dessen arbeitsloser Klient offenbar aus Gleichgültigkeit mühsam beschaffte Arbeitsmöglichkeiten sausen läßt? Die Antwort lautet mit einiger Sicherheit in allen drei „Fällen" gleich: Er zeigt sich betrübt, daß sein Beziehungsabgebot nicht angenommen wird; er versucht, moralischen Druck auszuüben; er greift auf (einige) ihm zur Verfügung stehende Machtmittel zurück; notfalls grenzt er den Widerspenstigen aus und leitet ihn gegebenenfalls an andere Institutionen weiter (er muß sich schließlich auch um andere kümmern); mittelfristig arbeitet er an der Verfeinerung seiner Motivationstechniken (er hegt auch Zweifel, ob er sich genug Mühe gegeben hat), perspektivisch fordert er größere Handlungsspielräume und setzt sich vielleicht gewerkschaftlich für verbesserte Lebensperspektiven seiner Schützlinge ein (weil er weiß, daß viele Probleme gesellschaftliche Ursachen haben).

Diese — zugegebenermaßen etwas karikierenden — Beispiele veranschaulichen zweierlei: Zunächst verdeutlichen sie, daß hinter dem Kooperationsangebot auch immer die Drohung *„es geht auch anders"* steckt. Daß die professionellen Helfer auch anders *können*, verdanken sie den ihnen qua institutionelle Beauftragung *verliehenen Machtinstrumenten*. Und weil sie sich als kompetente Experten verstehen, setzen sie die institutionelle Macht (wenn auch in der Regel ungern) auch gegen den Willen des „Betroffenen" zu seinem vorgeblichen Vorteil ein. Wohlgemerkt: Sie handeln nicht einfach als ausführende Agenten der sie bezahlenden Institution sondern in erster Linie, weil sie fest davon überzeugt sind, ihrem Schützling damit *Chancen* zu eröffnen.

Gehen wir noch einen Schritt weiter: Das Scheitern einer Kooperation legt keineswegs unbedingt auch die institutionell strukturierte Seite einer sozialen Dienstleistungsbeziehung frei. Je stärker sich das persönliche Engagement des Helfers vermittelt, desto eher vermag sein Gebrauch institutioneller Machtmittel als Ausdruck *zwischenmenschlicher Konflikte*, als Resultat gestörter Beziehungen und nicht als Konsequenz soziopolitischer Interessenwahrnehmung erscheinen.

Diese Mechanismen müssen den professionellen Helfern nicht notwendig bewußt sein. In gewisser Hinsicht dürfte es sich eher als vorteilhaft erweisen, wenn sie sich mit ungetrübtem Engagement für die wohlverstandenen Belange ihrer „Betroffenen" einsetzen: Indem sie ihr Interesse auf die gesundheitliche, soziale und politische Entwicklung leidender, unmündiger und benachteiligter Personen und

Bevölkerungsgruppen konzentrieren, vermögen sie hergebrachte Strukturen der Bevormundung und Unterpriviligierung zu erschüttern. Die Frage ist nur, *um welchen Preis*. Verfeinern sie nicht auch gleichzeitig Herrschafttechniken, wenn sie den „Betroffenen" ihre Hilfe angedeihen lassen? Oder können sie soziale Ungleichheiten Schritt für Schritt abbauen? Fördern sie die öffentliche Skandalisierung und Politisierung von Problemen oder begrenzen sie mögliche Lösungen auf institutionelle und professionelle Verfahrenswege?

Wir haben euch, der	IBA
hier Boden unter die Füße gegeben.	Nachdem wir gemerkt haben,
daß unsere Interessen sich	ibalagern,
ham wir gemeinsam Konzepte	ibadacht,
gemeinsam Senat und Verwaltung	ibawacht.
So weit, so gut.	
Dann kam für uns die	Ibaraschung:
Plötzlich war sie	ibaall, eure Maschinerie,
ihr hab uns	ibagangen,
	ibafallen,
wolltet uns	ibatrumpfen,
aber ihr habt nicht	ibalegt,
sondern	ibatrieben.
Jetzt seid ihr	ibaführt
und wir sagen euch:	
wir sind eurer	ibadrüssig,
ham euch	iba-nacht
	ibaflüssig gemacht.

WIR WERDEN EUCH ÜBERLEBEN!

(aus einem Offenen Brief des Mieterrats im Sanierungsgebiet rund ums Bethanien)

Experiment für einen schön-geschminkten Slum?

Es hat den Anschein, als habe sich „behutsame Stadterneuerung" *politisch* selbst überlebt; sie verursache Probleme, zu deren Lösung sie angetreten sei: Sie befördere etwa die Entwicklung von Kreuzberg 36 zu einem „Randgruppenghetto". Zwar erzielten die Akteure „behutsamer Stadterneuerung" bei der baulichen Reparatur und stadträumlichen Gestaltung des Gebiets beachtliche Erfolge. Jedoch verstärke ihre Arbeit den Sog Kreuzbergs 36 auf gesellschaftlich marginalisierte Bevölkerungsgruppen. Anstatt „kaputte Stadt zu retten" und die Sozialstruktur zu stabilisieren, produziere man so einen „schön-geschminkten Slum".

Ein solch vernichtendes Urteil „behutsamer Stadterneuerung" läßt sich leicht aus beschwörenden Warnungen einiger verantwortlicher Planungsexperten herleiten. Sie thematisieren neuerdings eine — wie es scheint — *ungewollte Nebenwirkung* „behutsamer Stadterneuerung": Neben dem Ausbau der sozialen Infrastrukturversorgung und der Existenz von soziokulturellen und politischen Experimentierfeldern führe vor allem der Erhalt von Kreuzberg 36 als *Billigwohngebiet* zu einer verstärkten Konzentration sogenannter Problembevölkerung. Sie erklären diese Entwicklung zu einer *Gefahr*, die aufgrund mangelnder flankierender gesamtstädtischer und administrativer Stützungsmaßnahmen für die „behutsame Stadterneuerung" — also aufgrund *äußerer* politischer Unterlassungen — entsteht. Folgerichtig fordern sie, daß „behutsame Stadterneuerung" auf die übrigen Berliner Sanierungsgebiete ausgeweitet und in Kreuzberg 36 uneingeschränkt weitergeführt werden soll.

Nun leuchtet unmittelbar ein, daß die modellhafte Sonderstellung von Kreuzberg 36 mit dem sanierungspolitischen *Experiment* IBA als Motor die Entwicklung dieses Quartiers in Richtung „schön-geschminkter Slum" begünstigt. Zumal, wenn in anderen Gebieten der

Wohnungssektor weiter liberalisiert wird: also Wohnkosten steigen, der Erneuerungsstandard hoch bleibt, Mieterrechte abgebaut werden, bestimmte Bevölkerungsgruppen von der Wohnungsversorgung ausgeschlossen sind und sozialen Stigmatisierungen unterliegen. Es ergibt sich somit ein *doppeltes Paradox*: Nämlich daß bauliche und soziale Fortschritte der „behutsamen Stadterneuerung" in Kreuzberg 36 zunehmend auch den Anspruch auf Verbesserung der Wohn- und Lebensverhältnisse der dort ansässigen Bevölkerung in Frage stellen; und daß der Berliner Senat bekanntlich die „behutsame Stadterneuerung" programmatisch trägt, mitfinanziert und in letzter Instanz verantwortet, aber gleichzeitig durch seine gesamtstädtische Wohnungs- und Sanierungspolitik zum Scheitern verurteilt.

Aber bedeutet dies alles, daß sich die „behutsame Stadterneuerung" politisch überlebt hat? Kennzeichnet sie nichts weiter als eine kurze sozialdemokratische Reformepisode, die im Zeichen der politischen „Trendwende" zum Anachronismus geworden ist? Oder gründete die Praxis „behutsamer Stadterneuerung" wesentlich auf den Widerstandsaktionen der Hausbesetzerbewegung? Ist ihr Ableben also durch den Niedergang dieser Bewegung besiegelt? Oder aber — diese Vorstellung favorisieren einige Protagonisten der „behutsamen Stadterneuerung" — besteht die Möglichkeit, den CDU-Senat unter dem Druck des Ausstellungscharakters „behutsamer Stadterneuerung" von deren ökonomischen, planerischen und sozialpolitischen Vorzügen zu *überzeugen*? Könnte also der Hinweis auf ein zunehmendes internationales Interesse an der „behutsamen Stadterneuerung" den Senat veranlassen, zumindest die für den vorzeigbaren Erfolg dieses Modells bedrohlichsten Tendenzen abzuwehren? Ließe sich so der fortschreitenden Ghettoisierung von Kreuzberg 36 entgegenwirken?

Allem Anschein nach betreffen diese Fragen das künftige politische Schicksal der „behutsamen Stadterneuerung". Ein kurzer historischer Überblick über die jüngere Entwicklung Kreuzbergs 36 jedoch vermag diesen Eindruck zu relativieren.

Die vermeintlich neu entdeckte Sogwirkung dieses Gebiets auf unterpriviligierte Bevölkerungsgruppen begleitet bekanntlich dessen gesamte Sanierungsgeschichte. Unter dem Oberbegriff *Segregation* beschäftigen sich mit diesem Problem mehrere wissenschaftliche Untersuchungen. So ist es kein Geheimnis, daß in den Phasen der Flächensanierung sowie der durchgreifenden Modernisierung die formulierte Absicht bestand, eine sogenannte Gesundung der Sozialstruktur zu erreichen. De facto vermochte diese Politik jedoch nur partiell eine baulich-sanitäre Kosmetik zu bewerkstelligen bzw. die bestehenden sozialen Problemlagen räumlich zu verschieben. Nicht verhindern konnte sie den weiteren Zuzug sogenannter Problembevölkerung. Als ein wichtiges Resultat dieser Sanierungsphasen darf daher die *fortlaufende soziale Neuzusammensetzung* von Kreuzberg 36 angesehen werden. Insofern verkörpert der anhaltende Trend zur Ghettobildung in diesem Gebiet weniger eine originäre Wirkung „behutsamer Stadterneuerung" als vielmehr deren *unbewältigtes Erbe* gescheiterter Sanierungspolitik; wohl wird er durch den auf Kreuzberg 36 beschränkten Modellcharakter „behutsamer Stadterneuerung" verstärkt, verweist aber vor allem auf ihre sozialpolitischen Ausgangsbedingungen.

Die Ursachen der sich seit Mitte der 70er Jahre abzeichnenden Krise der Berliner Sanierungspolitik markieren also auch den sozialen, ökonomischen und politischen Problemrahmen, innerhalb dessen sich die Praxis „behutsamer Stadterneuerung" in Kreuzberg 36 bewegt. Im wesentlichen sind dies: Das Scheitern einer wachstumsorientierten Wohnungspolitik, die rapide Zunahme ökonomisch deklassierter Bevölkerungsgruppen, die schwindende Konsensfähigkeit herrschender Wohnungs- und Sozialpolitik sowie die Unfähigkeit der Berliner Senatsbürokratie, auf diese Herausforderungen adäquat zu reagieren. In Kreuzberg 36 erfahren diese Probleme eine spezifische Zuspitzung dadurch, daß hier Häuserspekulationen und Wohnungsleerstand besonders dreiste Ausmaße angenommen haben; daß hier kostenaufwendige Erneuerungsmaßnahmen weder als volkswirtschaftlich vertretbar noch als mietwirksam abwälzbar gelten; daß hier traditionelle Instrumente sozialpolitischer Intervention erheblich an Wirksamkeit eingebüßt haben; daß es hier ein großes soziales Konfliktpotential und eine verzweigte Infrastruktur zur Organisation von politischem Widerstand gibt; und schließlich, daß sich keine anderen Stadtgebiete zur Verschiebung oder zur Aufteilung der Kreuzberger Bevölkerung anbieten.

Berliner Armenhaus?

Im Frühjahr 1984 schlägt der Kreuzberger Sozialstadtrat Ebert Alarm: Durch ständig steigende Mieten und die schlechte Arbeitsmarktlage zeichne sich in Kreuzberg eine „zunehmende Verarmungstendenz der unteren sozialen Schichten" ab. Als Beweis nennt er Zahlen: Zur Zeit registriert sein Amt eine drastische Zunahme von Räumungsklagen — *ca. 30 Fälle monatlich gegenüber 10 Fällen in früheren Jahren. Allein 1983 mußte das Kreuzberger Sozialamt 355 mal Mietrückstände zur Verhinderung von Obdachlosigkeit übernehmen. Darüberhinaus verweist er auf die deutliche Tendenz, daß immer mehr Familien trotz Berufstätigkeit des Familienvorstandes zu* Sozialhilfeempfängern *werden.*

Kreuzberg 36 als Armenhaus Berlins? Drängen sich hier die sogenannten Problemgruppen? Nehmen wir beispielsweise die Blöcke um den Heinrichplatz, dem Kerngebiet „behutsamer Stadterneuerung": Wir verzeichnen hier einen Ausländeranteil von ca. 60 %. Die alternative Szene bildet mit über 20 % die zweitstärktste Bevölkerungsgruppe. Hingegen dürfte der Anteil der sogenannten deutschen Normalbevölkerung auf knapp unter 20 % gesunken sein. Diese Zahlen sind seit Anfang der 80er Jahre relativ konstant geblieben. Aber bedeutet dies eine Stabilisierung der Sozialstruktur?

Sicherlich nicht. Denn diese Zahlen verschweigen, daß nach wie vor eine starke Fluktuation *herrscht: Viele Szenenagehörige bleiben nur für kürzere Zeit. Die Anzahl der Über-65-jährigen geht drastsich zurück. Der Anteil an Kindern, Jugendlichen und jungen Erwachsenen nimmt zu. Besser verdienende Ausländer versuchen, eine Wohnung in anderen Stadtvierteln zu bekommen. Sanierungsexperten und Kommunalpolitiker beklagen, daß nach wie vor eine Abschiebung von Ausländern nach Kreuzberg 36 stattfindet. Deutlich ist auch, daß deutsche Familien mit schulpflichtigen Kindern wegen der schlechten Schulsituation in Kreuzberg 36 bestrebt sind, das Gebiet zu verlassen. Hingegen gibt es unter Leuten der „Kultur-Schickeria“ als spannend, sich hier anzusiedeln. Von Stabilisierung kann also keine Rede sein.*

Was heißt aber auch schon Stabilisierung der Sozialstruktur? *Dieser technokratische Begriff sagt nichts darüber aus,* wie *die „Betroffenen“ wohnen und leben: daß zum Beispiel viele Wohnungen überbelegt sind; daß etliche Familien am Rande des Existenzminimums zurecht kommen müssen; daß weit mehr als die Hälfte aller Jugendlichen arbeitslos oder unterbeschäftigt sind; daß die Bewohner mit Einrichtungen der sozialen Infrastruktur hoffnungslos unterversorgt sind; daß in Kreuzberg die Zahl der TBC-Erkrankungen ansteigt; und daß an all diesem die „behutsame Stadterneuerung“ herzlich wenig ändern kann.*

Diese grobe und unvollständige Skizze der Ausgangsbedingungen „behutsamer Stadterneuerung“ verdeutlicht u. a., daß die Aufgabe bzw. das Ziel „behutsamer Stadterneuerung“ kaum darin bestehen kann, die Ghettoisierung von Kreuzberg zu verhindern und der fortschreitenden Marginalisierung bestimmter Bevölkerungsgruppen entscheidend entgegenzuwirken. Solcherlei Absichten dürften nur auf Basis grundlegender und gesellschaftlich übergreifender wohnungspolitischer, wirtschaftlicher und institutioneller Wandlungsprozesse realisierbar sein. Zu erwarten, daß sich derartige Veränderungen unter den herrschenden politischen Verhältnissen vollziehen oder vielleicht durch die lokal begrenzte und administrativ eingeengte Praxis „behutsamer Stadterneuerung“ eingeleitet werden können, erscheint höchst abwegig.

Wenn diese Überlegungen die Ausgangsbedingungen und Handlungsbegrenzungen „behutsamer Stadterneuerung“ in der Tendenz zutreffend charakterisieren; wenn also die Ghettoisierung Kreuzbergs 36 den sozialpolitischen Hintergrund, nicht aber die zu lösende Aufgabe darstellt — worin liegt *dann* die Funktion „behutsamer Stadterneuerung“? Was bezwecken die warnenden Beschwörungen vom drohenden Ende „behutsamer Stadterneuerung“? Welchen administrativen Zielen dient dieses Modell, das die Akteure „behutsamer Stadterneuerung" einerseits als radikalen Bruch mit Zielvorstellungen, Planungsmethoden und Realisierungsverfahren bisheriger Sanierungsstrategien begreifen, das andererseits jedoch hochgradig von politischen Vorgaben abhängt? Verkennen die Akteure „behutsamer Stadterneuerung" ihre Rolle im Gesamtzusammenhang Berliner Wohnungs- und Sanierungspolitik, indem sie das sozialpolitische Änderungspotential ihres Modells überbewerten? Schließlich: Welche gesellschaftlichen und politischen Wirkungen gehen von der Kreuzberger Sondersituation aus, die offenbar nur unter der Voraussetzung existiert, daß das Problem der Ghettobildung zwar politisch artikuliert aber nicht praktisch bewältigt werden kann?

Politik in der ersten Person

Das politisch vielleicht weitreichendste Resultat „behutsamer Stadterneuerung“ liegt in der Etablierung bislang als fundamental geltender Kritikansätze von Sanierungspolitik als *handlungsleitende Maßstäbe* für die Kreuzberger Entwicklung. Diesem Transformationsprozeß kommt insofern zentrale Bedeutung zu, als er für Erneuerungsvorhaben in innerstädtischen Krisengebieten ein *neues Politikmodell* liefern könnte: In ihm vollzieht sich die praktische Ablösung administrativ konzipierter und zentral veranlaßter Stadtentwicklungsstrategien; deren soziale und kulturelle Kompetenz und politische Legitimität untergräbt „behutsame Stadterneuerung“, indem sie die Praktikabiliät und Effiziens experimenteller, kleinteiliger, entbürokratisierter und sozialorientierter Alternativen nachweist.

Unabhängig von spezifischen Kreuzberger Sonderbedingungen fällt der „behutsamen Stadterneuerung“ somit möglicherweise die Rolle eines *Modells alternativer Stadtentwicklung* zu. In der Fachöffentlichkeit herrscht jedenfalls ein reges Interesse an den hier gemachten Erfahrungen; es wird ein spezieller Bedarf an Mustern für experimentelle Organisationskonzepte und informelle Partizipationsstrukturen sowie an Argumentationshilfen für unkonventionelle Planungs- und Durchführungsstrategien angemeldet.

Ein entscheidender Grund für diese Resonanz „behutsamer Stadterneuerung“ liegt zweifellos darin, daß sie ein — zumindest derzeit in Deutschland — einzigartiges Beispiel abgibt, wie Sanierungsprozesse demokratisiert und menschlicher gestaltet werden können. Denn das der „behutsamen Stadterneuerung“ zugrunde liegende Politikmodell betont die *Dimension des Sozialen*: Es repräsentiert eine Verschiebung der Planungslogik von der Ebene eher abstrakt bestimmter, wenig differenzierender politischer Zielvorgaben und bürokratisch-autoritärer Handlungssysteme hin zu den konkreten Be-

Lob für den Mut-Willen

Außerhalb von Berlin — auch außerhalb Deutschlands — wurde das Beispiel Kreuzberg schon frühzeitig gewürdigt: *This ist the moment of dramatic change: for whom we design!* begeisterte sich Anna Louise Huxtable, die Architekturkritikern der *New York Times*, vor drei Jahren bei einem Städtebau-Seminar des Berliner Aspen-Instituts für das Konzept einer „bewohnerorientierten" Erhaltung.

Der Kulturhistoriker Carl E. Schorske wies pathetisch den Weg: „Berlin hat damit die Chance, für alle Städte ein Beispiel zu geben. Es gibt nichts Vergleichbares irgendwo auf der Welt". Damals war im Bezirk von der Arbeit zwar noch nichts zu sehen. Aber es gab allenthalben Ermutigung und Zuspruch; zum Beispiel aus der Schweiz. „So, wie wir nach den italienischen Städten geschaut haben, nach Bologna und Pavia, so blicken wir jetzt voller Hoffnung nach Berlin."

(Lore Ditzen, aus: Die Zeit, Nr. 24 — 8. Juni 1984)

dingungen und Anforderungen der Lebenswelt. Die Erfolge „behutsamer Stadterneuerung" bemessen sich daher nicht allein an der Quantität ihrer vorzeigbaren städtebaulichen Ergebnisse sondern ebenso an der *sozialen Qualität des Prozesses* der Erneuerung. Damit bietet sich „behutsame Stadterneuerung" als ein attraktives Handlungsmodell an, das Chancen für die Realisierung kritischer wohnungs- und sozialpolitischer Ansprüche eröffnet.

In der Tat läßt sich „behutsame Stadterneuerung" zum Teil als gelungene Operationalisierung *linker Politikvorstellungen* interpretieren. Sie löst in Kreuzberg 36 Planungsstrategien ab, die vom grünen Tisch aus nach Maßgabe wohnungspolitischer, gesamtstädtischer, verkehrstechnischer und konjunkturpolitischer Gesichtspunkte ohne Rücksicht auf gebietsspezifische Qualitäten, soziale Akzeptanz und sozialpolitische Folgen operierten. Den Gewaltcharakter, die bürokratische Bevormundung und Undurchschaubarkeit dieser Planungen ersetzt „behutsame Stadterneuerung" durch vorsichtige, schrittweise vorgehende, besser nachvollziehbare, sozial angepaßtere Verfahren. Dabei versuchen die Akteure „behutsamer Stadterneuerung", *nicht von außen* in den Stadtteil hineinzuplanen. Stattdessen bemühen sie sich, Entscheidungen über städtebauliche und infrastrukturelle Vorhaben, über sozialpolitische Probleme und administrative Programme im *sozialen Feld vor Ort* zu verankern.

Als neue *Leitmotive* veränderter Planungspraxis lassen sich in der „behutsamen Stadterneuerung" eine Reihe von Prinzipien erkennen, die zweifellos aus sozialistischen Traditionen, aus der 68er-Zeit und den sogenannten neuen sozialen Bewegungen entlehnt sind: Hierzu gehört die *Orientierung am Gebrauchswert* für die „Betroffenen" statt am ökonomischen Verwertungskalkül bzw. an vorgeblichen administrativen und bautechnischen Sachzwängen. Diese Position begreift die *Bedürfnisse und Interessen* der Menschen als wichtigste Maßstäbe der Sanierungspolitik; sie beinhaltet die Absicht, *Lebensverhältnisse zu verbessern* und gleichzeitig Fremdbestimmung abzubauen. Sie behauptet das Recht und die Fähigkeit der sogenannten Betroffenen, über ihr Leben *selbst zu entscheiden*. Aus dieser Perspektive ergibt sich eine differenzierende Einstellung zum sozialen Prozeß Kreuzbergs; die unterschiedlichen Bevölkerungsgruppen werden in ihrer *kulturellen Andersartigkeit* akzeptiert, besondere Lebensformen nicht als minderwertig diffamiert oder als exotisch verkannt.

Dieser Ansatz enthält den Versuch einer *handlungsbezogenen* Vermittlung verschiedener gesellschaftskritischer Argumentationslinien und politischer Erfahrungen. Er kennzeichnet weniger einen reflektierten Prozeß der Theoriebildung; vielmehr spiegelt er gleichermaßen politische Ansprüche und Lernprozesse der Akteure „behutsamer Stadterneuerung" dabei wider, die vielschichtige soziale Situation der Menschen in Kreuzberg 36 konkret zu begreifen *und* politisch zu verändern.

Grundlegend ist zunächst die Abgrenzung zum herrschenden Gesellschaftsverständnis, demzufolge etwa soziale Problemlagen als individuelles Versagen, als persönliches Defizit bzw. als zufälliges Schicksal gelten; solche Auffassungen dienen der Legitimation des gesellschaftlichen Status quo und begründen vereinzelnde und desozialisierende Maßnahmen öffentlicher Daseinsfürsorge. Demgegenüber vermag eine Herleitung sozialer Probleme aus politökonomischen Verursachungszusammenhängen deren *gesellschaftlichen* Charakter zu belegen; sie mündet jedoch in der Regel in abstrakten Forderungen nach strukturellen Gesellschaftsveränderungen, als de-

IBA — Was heißt behutsame Stadterneuerung?

Zu den wesentlichen Aufgaben der Stadterneuerung in Kreuzberg gehört es, die vorhandenen sozialen und funktionalen Strukturen zu erhalten, zu stabilisieren und weiterzuentwickeln. Das ist nur möglich, wenn man vorsichtig und behutsam vorgeht und die Betroffenen an allen Planungen und Entscheidungen intensiv beteiligt.

Man muß also von dem ausgehen, was in Kreuzberg tatsächlich der Fall ist, von den vorhandenen Häusern und Straßen, vor allem aber von den Bewohnern und Nutzern, von ihren Interessen und Möglichkeiten. Eine bessere Zukunft für die bedrohten Kreuzberger Stadterneuerungsgebiete ist nur zu erreichen, wenn man ein Konzept entwickelt, das auf die besonderen Verhältnisse bezogen ist, das das Vorhandene nutzt und das von den Bewohnern unterstützt wird; ihre Fähigkeiten, ihre Phantasie und ihr Vertrauen in die Zukunft sind für den Erneuerungsprozeß sehr wichtig.

So hat die Bauausstellung Berlin GmbH, die „IBA" ihrer Arbeit im Sanierungsgebiet um das Kottbusser Tor und in SO 36 das Prinzip der „behutsamen Stadterneuerung" zugrunde gelegt. Es läßt sich thesenhaft folgendermaßen zusammenfassen:

Zwölf Grundsätze der behutsamen Stadterneuerung

1. Die Erneuerung muß an den Bedürfnissen der jetzigen Bewohner orientiert und mit ihnen geplant werden. Gleiches gilt für den gewerblichen Nutzer. Die Bausubstanz soll im Grundsatz erhalten bleiben.

Zu diesem Konzept gibt es aus politischen und sozialen, demographischen und ökonomischen Gründen mittelfristig keine Alternative. Das Konzept gibt auch langfristigen Entwicklungen Raum.

2. Grundlage von Stadterneuerung muß die weitestgehende Übereinstimmung über Ziele und Maßnahmen zwischen Bewohnern und Gewerbetreibenden und denjenigen sein, die die Maßnahmen durchführen. Technische und soziale Planung sowie die Durchführung müssen Hand in Hand gehen.

3. Die eigenständige Kraft Kreuzbergs als typisch innerstädtischem Miteinander von Arbeiten und Wohnen (Kreuzberger Mischung) ist durch die Entwicklung der letzten Jahrzehnte stark gefährdet. Verunsicherung und Angst bestimmen das Quartier. Vertrauen und Zuversicht müssen wieder hergestellt werden. Diesem Grundsatz muß insbesondere in allen Miet- und Nutzungsverträgen rasch Geltung verschafft werden. Die substanzbedrohenden Schäden — Dach, Fassade, Keller — müssen durch ein Sofortprogramm des Senats schnellstmöglich beseitigt werden.

4. Die Erneuerung der Wohnungen und Häuser soll in zeitlichen Stufen erfolgen können. Ein technischer Grundstandard der ersten Stufe — ausreichende Steigeleitungen, Innentoilette, meistens auch Einbau von Bad oder Dusche — soll später durch weitere Maßnahmen ergänzt werden können.

5. Durch Umorganisation von Grundrissen sollen die im Wohnungsbestand angelegten Möglichkeiten, neue Wohnformen zu entwickeln, behutsam ausgeschöpft werden.

6. Die städtebauliche Situation ist durch wenige Abrisse, Begrünung im Blockinnern sowie die Gestaltung von Fassaden und Brandwänden kleinteilig zu verbessern.

7. In bedarfsgerechter Weise müssen die öffentlichen Einrichtungen erneuert und ergänzt werden. Die öffentlichen Räume — Straßen, Plätze, Grünbereiche — sollen durch Instandsetzung und behutsame Veränderung die Benutzbarkeit und den Erlebnisgehalt des Gebietes verbessern.

8. Die Stadterneuerung im Gebiet Luisenstadt und SO 36 setzt die Verabschiedung von Grundsätzen für die Sozialplanung durch die politischen Gremien voraus. Diese Grundsätze müssen die Beteiligungsrechte und die materiellen Rechte der Betroffenen regeln.

9. Für den Ablauf und die Steuerung ist eine offene Form der Entscheidungsfindung und Diskussion mit Stärkung der Betroffenenvertretung und Einrichtung von im Gebiet tagenden Entscheidungsgremien notwendig.

10. Stadterneuerung, die Vertrauen erzeugt, braucht feste Finanzierungszusagen für den Bereich Luisenstadt und SO 36 für mehrere Jahre. Dieses Geld muß schnell und fallbezogen ausgegeben werden können (Programmflexibilität).

11. Alle Chancen, neue Trägerformen zu entwickeln, sollen genutzt werden. Die Trennung von treuhänderischem Sanierungsträger (Dienstleistungsträger) und baubezogenen Maßnahmen (Maßnahmenträger) ist anzustreben. Den Beteiligten müssen ihre Aufgaben und Funktionen klar zugewiesen werden. Neue Verträge sowie bestehende Verträge müssen diesem Grundsatz entsprechen bzw. angepaßt werden.

12. Alle Maßnahmen, die getroffen werden, müssen die Verwirklichung der Stadterneuerung nach diesem Konzept über 1984 hinaus sichern.

Das Konzept unterscheidet sich in wesentlichen Momenten von der bisherigen Sanierungspraxis. So definiert es nicht einen, in einem Plan festgehaltenen, fiktiven „Endzustand nach Abschluß der Sanierung", sondern legt Prinzipien und Verfahrensweisen fest, mit denen schrittweise bestimmte Fragen geklärt werden können, zu denen vor allem auch solche der Durchführung, der Betroffenenbeteiligung und der Sozialplanung gehören. Es geht also nicht um die „Durchsetzung" eines fertigen „Plans", das Konzept will vielmehr die Probleme im konstruktiven „Miteinander" aller Beteiligten lösen.

aus: Berliner Baubilanz 1982

ren Träger entweder ein zum reformierender Staat oder das entsprechend seiner objektiven Klasseninteressen handelnde Proletariat fungieren soll. — Mit dem Scheitern dieser Vorstellungen rückt das *Interesse an subjektiven Bedingungen* für politisches Handeln in das Zentrum linker Auseinandersetzungen. Dieser Diskussionsstrang richtet sich gegen objektivistische und deterministische Entwürfe der Gesellschaftsveränderung; gestützt auf *basisdemokratische Erfahrungen* in Bürgerinitiativen, in selbstverwalteten Jugendprojekten, in der Frauenbewegung etc., werden nun Elemente politischen Wandels in Prozessen des *alltäglichen Lebens* thematisiert: Verweigerungen gegenüber bestimmten gesellschaftlichen Rollenerwartungen, Artikulationen *konkreter* Bedürfnisse, Forderungen nach gruppenspezifischer *Selbstbestimmung und Emanzipation*, Suchbewegungen nach humaneren Kommunikations- und Lebensformen, bewußte *Regelverletzungen* aber auch gemeinhin als kriminell und destruktiv bewertete Aktionen finden Anerkennung als gesellschaftsverändernde Widerstandsformen. — Solch emphatisches Verständnis subjektiver Aneignungsprozesse bildet den Hintergrund *antiinstitutioneller* Orientierung. In ihnen verbinden sich die strategische Absicht, soziale Entwicklungen von bürokratischen, autoritären und zentralistischen Strukturen abzukoppeln, und soziale Bestrebungen, als repressiv wahrgenommene Lebensverhältnisse *autonom*, das heißt den eigenen Ansprüchen und Bedürfnissen entsprechend zu verändern; so ermögliche etwa die Unterstützung von verschiedenen Selbsthilfegruppen im Bau- und Arbeitslosenbereich, von nachbarschaftlich organisierten Gemeinwesenarbeitsprojekten und kulturellen Initiativen das Entstehen eines *sozial verankerten Netzes lokaler Verantwortlichkeiten*; gleichzeitig eröffne sich die *Handlungsperspektive*, Lösungen für konkrete sozialpolitische Probleme in Kooperation mit den sogenannten Betroffenen zu erarbeiten. — Zwar findet die basisdemokratische Grundtendenz anti- bzw. außerinstitutioneller Veränderungspraxis weitgehend Zustimmung; es existieren jedoch durchaus ernstzunehmende Einwände bezüglich ihrer *sozialen Legitimation* und der *Beständigkeit* einmal erzielter Erfolge: Eine außerinstitutionelle Politikkonzeption gründe wesentlich auf sozial aktionsfähigen und kooperationsbereiten Bevölkerungsgruppen; sie berge damit strukturell die Gefahr, gerade die stark benachteiligten, verunsicherten, resignierten und wenig artikulationsfähigen Sozialgruppen zu vernachlässigen. Zudem unterwerfe sich eine derartige Veränderungsstrategie zu sehr den sich erfahrungsgemäß oftmals ändernden und partikularen politischen Absichten sowie dem wechselhaften Engagement weniger Aktivisten; aufgrund ihrer Abhängigkeit von eher zufälligen Konstellationen sozialpolitischer Kräfteverhältnisse könne sie kaum Kontinuität gewährleisten. — Als korrigierende Gegenbewegung zu diesen Schwächen außerinstitutioneller Praxis läßt sich eine *sozialplanerische und auf institutionelle Veränderungen gerichtete Reformposition* ausmachen: Sie betont die Notwendigkeit, soziale Selbstheilungskräfte anzuregen, zu stabilisieren und zu koordinieren und zielt auf die Öffnung administrativer Strukturen gegenüber der Vielfalt, den spezifischen Relevanzmustern und den besonderen kulturellen Verlaufsformen sozialer Prozesse vor Ort. Dieser Position liegt ein spezielles *professionelles Selbstverständnis* zugrunde — die Figur des sozial engagierten Planers; er verkörpert die Doppelrolle des sachverständigen Anwalts der Belange der „Betroffenen" sowie des Moderators sozialer Entwicklungen aus der Perspektive ihrer administrativen Transformierbarkeit.

Schon diese grobe Skizze einiger zentraler gesellschaftskritischer Argumentationslinien und Erfahrungen verdeutlicht, daß die politischen Leitmotive „behutsamer Stadterneuerung" alles andere als einheitlich sind. Es wundert daher nicht, daß die gesamte Bandbreite unterschiedlicher, ja teilweise durchaus gegensätzlicher linker Positionen unter den Akteuren „behutsamer Stadterneuerung" repräsentiert ist. In unserem Diskussionszusammenhang können wir zunächst übergehen, inwieweit bzw. in Bezug auf welche Probleme einzelne Politikvorstellungen praktisch umgesetzt werden können. Mir kommt es hier auf die Feststellung an, daß „behutsame Stadterneuerung" eine Aura des oppositionellen Aufbruchs, des Alternativen und des gesellschaftlichen Wandels umströmt. Weil „behutsame Stadterneuerung" als plurales Zusammenspiel *verschiedener* kritischer politischer Zielsetzungen, erfolgversprechender Ansätze der Gesellschaftsreform sowie alternativer Handlungsweisen und Verkehrsformen ihrer professionellen und „betroffenen" Akteure erscheint, verkörpert sie einen *offenen, praxisrelevanten Orientierungsrahmen*; hier finden etwa Sympathien für soziokulturelle Experimente und Ambitionen für eine neue architektonische Ästhetik ebenso ihren Platz wie Vorstellungen einer sozial-engagierten Berufspraxis, Hoffnungen auf die Realisierung stadtökologischer Konzepte oder Utopien einer „autonomen Republik Kreuzberg".

Gehen wir noch einen Schritt weiter. „Behutsame Stadterneuerung" repräsentiert ein Politikmodell, in dem sich bedeutsame Vorstellungen von Gesellschaftskritik als handlungsleitende Maßstäbe einer erfolgreichen Veränderungspraxis wiedererkennen lassen. Diese Vorstellungen stehen nicht bloß für abstrakte politische Überzeugungen; noch kennzeichnen sie aus rein pragmatischen Gesichtspunkten eingenommene Positionen. Vielmehr drücken sich in ihnen auch wesentlich Hoffnungen der Akteure „behutsamer Stadterneuerung" aus, *eigene Wünsche, Bedürfnisse und Gefühle* in den politischen und sozialen Prozeß der Kreuzberger Entwicklung einzubringen: Nicht als fremdbestimmtes Teil einer bürokratischen Maschinerie zu funktionieren, sondern selbst Verantwortung zu tragen, die eigene Phantasie und fachliche Kompetenz einzusetzen, künftige Entwicklungen mitzugestalten, am Aufbau menschlicherer Lebensweisen teilzuhaben — daß „behutsame Stadterneuerung" solche Chancen der *Selbstverwirklichung* eröffnet, macht sie außerordentlich attrakttiv.

Was aber bedeutet es, daß „behutsame Stadterneuerung" in dieser Weise subjektiviert und emotionalisiert wird? Auf den ersten Blick scheint sich hier der linke Anspruch einzulösen, den Gegensatz von Privatleben und politischer bzw. professioneller Praxis aufzuheben, also die Bereiche von harter Politik, Beruf und persönlichen Interessen und Bedürfnissen zu verschmelzen; die *professionelle Wende* von der Planung *in* den Stadtteil hinein zur Planung *aus* den konkreten Anforderungen und Problemen des Stadtteils heraus findet ihre *sub-*

Residenzen für Kiezfürsten?

„Mag sein, daß die Fähigkeit zur Selbstkritik leidet, je länger die Leute hier arbeiten." *Der dies sagt ist Bauingenieur und kennt sich im IBA-Gebiet aus. Er meint einen IBA-Blockarchitekten, auf den er gar nicht gut zu sprechen ist. Er fügt hinzu:* „Der war doch immer politisch aktiv, hatte überall seine Finger drin — aber wenn's ums Eingemachte geht..."

Ich habe den Bauingenieur gefragt, was er von der Verquickung von politischem und persönlichem Engagement einiger Akteure „behutsamer Stadterneuerung" halte. Er antwortet mir mit folgender Story:

Der besagte Blockarchitekt habe in seinem Zuständigkeitsbereich einen befreundeten Gewerbetreibenden veranlaßt, relativ billig ein Haus zu erwerben. Er wohnte bereits in einer schönen Wohnung im 2. Stock des Hauses. Mietpreis: zwei *(!) Mark pro Quadratmeter. Verabredet war, sich zu mehreren später an der Kaufsumme zu beteiligen und gemeinsam ein Selbsthilfeprojekt zu starten.*

So weit so gut. Doch dann gibt es Ärger. Der Gewerbetreibende will mit den Baumaßnahmen beginnen. Doch der Blockarchitekt verweist darauf, daß ein Konzept Voraussetzung sei, um an Gelder heranzukommen. Er selbst werde eine entsprechende Planung vorlegen. Man müsse auch eine mögliche Zusammenarbeit mit anderen alternativen Trägern überprüfen. Die gemeinsame Selbsthilfe kommt nicht zustande. Der Blockarchitekt bleibt Mieter.

Schließlich wird es dem Gewerbetreibenden zu bunt. Er will sich nicht länger vertrösten lassen. Denn ein Konzept liegt zum vorgesehenen Termin nicht vor. Er beginnt auf eigene Faust mit Umbauten, bringt Schornsteine in Ordnung, verlegt Leitungen, führt Reparaturen durch ...

An dieser Stelle breche ich die Story meines Gesprächspartners ab. Denn nun beginnt eine Schilderung unschöner Auseinandersetzungen: Der eine sei ein Spekulant; dem anderen werden Prügel angedroht; es geht um Förderungen aus öffentlichen Mitteln etc. — die Details sind mir zu undurchsichtig. Vielleicht sollte ich nur noch erwähnen, daß der Blockarchitekt die „linkeren" Argumente für sich beanspruchen kann. Wer aber letztlich Recht hat, kann und mag ich nicht beurteilen.

Weshalb ich die Story dann überhaupt aufschreibe? Weil das Beispiel des Kollegen Blockarchitekten zwar keinesfalls die Regel aber auch nicht die Ausnahme bildet: für die Verquickung von politischen, beruflichen und persönlichen Interessen. Unter Insidern weiß jeder: Einige Kiezfürsten versorgen sich mit Kreuzberger „Residenzen".

jektive Entsprechung — Bedingung und Nachvollzug zugleich: Die Aktuere „behutsamer Stadterneuerung“ können sich in der Kreuzberger Entwicklung *wiederfinden*, weil sie ohne ihr kritisches Engagement schwerlich zustande gekommen wäre und weil sie in vielen Bereichen ihr eigenes Lebensgefühl zurückspiegelt, ihre menschlich-professionelle Kompetenz bestätigt oder auch eigene Wünsche befriedigt.

Nach Beispielen hierfür brauchen wir nicht lange zu suchen. Betrachten wir nur die in Kreuzberg 36 weit entwickelte *Struktur „alternativen Lebens“*: Die kollektiv geführten Kneipen, Cafés, Geschäfte und Betriebe; die Wohngemeinschaften und Selbsthilfegruppen, die alte Fabriketagen nach ihren Vorstellungen von Arbeiten und Zusammenleben ausgebaut haben; die ein Stück „Gegenmacht“ symbolisierenden Mieterläden, Bürgerinitiativen, Kulturzentren und besetzten Häuser. Oder denken wir an Ansätze zu *unkonventionellen Problemlösungen* wie etwa die Arbeitsgruppe Erneuerungskommission (AEK) im Gebiet Kottbusser Tor; den geplanten Umbau eines heruntergekommenen Parkhauses zu einer Kindertagesstätte; die Umdeutung von städtebaulichen Mängeln — z. B. Baulücken — zu sozialräumlichen Qualitäten und gestalterischen Herausforderungen; die öffentliche Unterstützung geräumter Besetzer beim Aufbau eines Zeltdorfes auf dem Kreuzberger Mariannenplatz. Oder führen wir uns vor Augen, wie stark *das Leben vieler Akteure „behutsamer Stadterneuerung“ mit dem Kreuzberger Alltag verwoben ist*: Nicht selten haben sie Kreuzberg zu ihrer Wahlheimat oder zu einer zentralen Bezugsgröße ihres Lebens gemacht; sie verkehren in Kreuzberger Kneipen, beteiligen sich an kulturellen Aktivitäten, pflegen freundschaftliche Beziehungen zur „Szene“ und leisten sozialarbeiterische Hilfe auch weit über ihre reguläre Arbeitszeit hinaus. So erweist sich ihr Verständnis beruflicher Tätigkeit in Kreuzberg als aufrichtiges soziales Anliegen. Schließlich bieten sich hier auch Berufsmöglichkeiten, zu denen für die meisten Akteure keine annähernd gleichwertige Alternative existiert.

Alles in allem hat es den Anschein, als habe linke Gesellschaftskritik in Theorie und Praxis die „behutsame Stadterneuerung“ durchdrungen. Insofern manifestiert sich in der „behutsamen Stadterneuerung“ *mehr als ein ideologischer Sieg* der „Linken“: Sie bezeichnet sowohl eine weitreichende Umorientierung der Ziele von Stadtentwicklungspolitik als auch eine faktische Neubestimmung ihrer Arbeitsweisen; das emotionale Engagement der Akteure „behutsamer Stadt-

Ein Parkhaus als Kita

Das NKZ (Neues Kreuzberger Zentrum) am Kottbusser Tor ist wohl das beispielloseste, unbarmherzigste Produkt und der folgenschwerste neue Städtebau im Sanierungsgebiet aus der Zeit Anfang der 70er Jahre.

Die historische Struktur dieses zentralen achtstrahligen, sternförmigen Platzes wurde hier vermauert und durch einen ringförmigen Kessel überbaut. Gewerbe und Dienstleistungen in den Untergeschossen — darüber Wohnen ohne Freiflächen, vielgeschossig.

Die traditionsreiche Achse der Dresdener Straße wurde gekappt, abgeschnitten und verkümmert heute im Schatten des Zentrums. Zum Beginn unserer Arbeit stand der Komplex unter Konkursverwaltung.

Wie nähert sich die Bauausstellung den Negativausstrahlungen dieser Anlage, wie setzt sie sich mit dieser Hypothek des geschundenen Gebietes auseinander? Unsere Ansätze können am Beispiel der Hochgarage deutlich gemacht werden.

Der große Klotz aus grauem Beton war bald nach seiner Fertigstellung zum Symbol des Mißstandes geworden; ungenutzt verwahrlost, kriminalitätsdüster wurde er dicht gemacht und auf Antrag der AL hatte die BVV des Bezirks seinen Abriß beschlossen. Nach dem Abriß sollten hier die Freiflächen einer dringend benötigten neuen Kita ausgewiesen werden.

Es wurde sehr bald klar, daß aus planungsrechtlichen Gründen und allein schon wegen dem erforderlichen Nachweis von Stellplätzen der Abrißwunsch schwer in die Tat umzusetzen war.

Unabhängig davon haben wir uns jedoch damit auseinandergesetzt, ob es richtig sei, den Abrißwillen zu übernehmen. Dadurch sind wir in gewisser Weise als ungerufene Kritiker des Abbruchkonzeptes mit Vertretern der AL in Konflikt geraten. Diese sehen vor allem einen Betonbunker vor Augen und bezweifeln, daß daraus wirklich ein positiver Ort für Kinder entstehen könne. Ebenso wird gerade von den hier in der Umgebung arbeitenden freien Eltern-Kindergruppen eine Kita in der Größenordnung von 130 Plätzen kritisch hinterfragt.

Was tun wir? Für uns gilt der Leitsatz: „Alles, was im Gebiet existiert — die Menschen, Pflanzen, Tiere, Gebäude, alle haben ihr Grundrecht zu bleiben". Sie alle sind Teil eines ständigen Transformationsprozesses. Das gilt auch für die extremen Negativsymbole jüngsten Städtebaus.

Wenn wir in den Höfen der Blöcke die Baustrukturen des Gewerbes, der Remisen, der Seitenflügel und Hinterhäuser auf ihre Erhaltung, Umwandlung, Weiterverwendung auf's genaueste untersuchen, so tun wir das auch mit einem Parkhaus. Wir schmeißen nicht mehr den Stoff weg, weil uns der Schnitt des Mantels nicht paßt. Wiederverwenden, Umstricken — Umnutzen muß sorgfältig überlegt werden nach inhaltlichen, ökonomischen Sinn.

(Bernhard Strecker, in Arch + 66, Dez. 1982, S. 48 f)

Eine Entscheidung, die Parkgarage nicht abzureißen und nach entsprechenden Umbauten als Kindertagesstätte zu nutzen, wird grundsätzlich sehr positiv beurteilt. Voraussetzung für eine Umnutzung aus ökologischer Sicht ist allerdings die unbedingte Realisierung der vier Hauptmaßnahmen *„überdachtes Atrium, Umbau des Dachgartens, Erdaufschüttungen* und *intensive Begrünung"*.

Mit Hilfe ökologischer Baumaßnahmen läßt sich die Konstruktion zu einer wandlungsfähigen, lebendigen und flexiblen Architektur mit einem hohen Erlebniswert verändern. Mit der Realisierung einer Vielzahl sehr unterschiedlicher, voneinander abhängiger, kleinteiliger und ökologsich angepasster Maßnahmenbündel, die sowohl Nutzeranforderungen als auch Umwelteinflüsse wie Jahreszeiten, Sonneneinstrahlung oder Vegetationsperioden berücksichtigen, entsteht ein Gebäude, in dem sich die Einflüsse der Natur, die Phantasie und der Erlebnishunger der Kinder und die Aufgaben der Betreuer zu einer Einheit verbinden.

(aus: Kita Dresdener Straße. Teil 2: Bauökologische Konzeption. IBA März 1983)

erneuerung" fügt der charismatischen Kompetenz des Experten noch die Überzeugungskraft und Glaubwürdigkeit des „Selber-Betroffenen" hinzu. Linke Politikvorstellungen und Lebensentwürfe werden in der Kreuzberger Entwicklung aufgehoben: Es entsteht ein komplexer Organismus ideologischer, emotionaler und materieller Bindungen, der sich durch *beständige Identifikation mit sich selbst* reproduzieren kann.

Wir sind in unserer Argumentation an einem Punkt angelangt, an dem wir eine höchst absurd anmutende These formulieren können: Eine zentrale politische Wirkung „behutsamer Stadterneuerung" besteht offenbar darin, *sich selbst den Argumentationen der traditionellen Kritik kapitalistischer Sanierungspolitik zu entziehen.* Als offener, praxisrelevanter Orientierungsrahmen vermag sie unterschiedliche linke Positionen in sich aufzunehmen; was immer an kritischen Einwänden sich der „behutsamen Stadterneuerung" entgegenhalten läßt — es betrifft bereits tendenziell überwundene Relikte vorangegangener Sanierungsphasen; es wiederholt bloß Bedenken, die zumindest von einigen Akteuren „behutsamer Stadterneuerung" bereits vorgebracht wurden; oder es findet pflichtbemüht-wohlwollende Aufnahme in der ritualisierten Legitimationsmaschinierie zahlloser Diskussionsforen „behutsamer Stadterneuerung".

Hinzu kommt ein zweites Moment: „Behutsame Stadterneuerung" bindet potentielle Kritiker beruflich, sozial und emotional in die Kreuzberger Entwicklung ein; sie setzt den positiven Anreiz des *Selber-besser-machen-könnens*. Darin bestätigt sie, was die „Linken" schon immer wußten, aber nie selbst realisieren durften: Das Soziale ist machbar, manipulierbar, veränderbar. Die im pionierhaften Gestus vorgetragene Parole, die Mitarbeit an der sozialorientierten Stadtentwicklung in Kreuzberg stelle eine historisch einmalige Chance dar, wird von den beteiligten Akteuren als selbstauferlegte moralische Verpflichtung verinnerlicht.

Was aber, wenn wesentliche Elemente der linken Kritik kapitalistischer Sanierungspolitik tatsächlich durch die „behutsame Stadterneuerung" auf den Müllhaufen der Geschichte befördert würden? Aber nicht, weil „behutsame Stadterneuerung" den modellhaften Aufbruch zu neuen Wegen sozialer Emanzipation signalisiert, sondern weil sie eine (vielleicht nur reformistisch gefärbte Zwischen-) *Phase neuer Herrschaftstechniken* im Umgang mit marginalisierten Bevölkerungsgruppen einleitet. Wäre es denn so undenkbar, daß sich Teile der kritischen Intelligenz — in aufrichtiger Absicht, das „Beste" für die „Betroffenen" herauszuholen — als Sozialtechniker und Ideologen herrschender Machtinteressen funktionalisieren lassen? Das soziale Know-how und den nötigen Vertrauenskredit besäßen sie jedenfalls. Und zwar exklusiv.

Zweiter Teil:

Der Widerspruch institutioneller Reformpraxis

Verrat als Methode

Die einleitenden Problematisierungen lassen unschwer vermuten, daß sich meine Überlegungen *in keiner Weise* als positiver Beitrag zur Diskussion um die Weiterentwicklung „behutsamer Stadterneuerung" verstehen. Denn mir mangelt es an Vorstellungsvermögen, welcher soziale Nutzen den Kreuzberger „Betroffenen" erwachsen könnte, wenn diese Diskussion ohne eine gründliche Reflexion bisheriger Praxis und vor allem *ohne Selbstkritik* stattfände. Außerdem befürchte ich, daß ich mich in einem Kreis rosa bebrillter Experten nicht sehr wohl fühlen würde.

Mein Anliegen trägt daher eher negativen Charakter; es besteht darin, einige Auslassungen, Blindstellen, Verkennungen und Ideologisierungen dieser Diskussion zu thematisieren. Solche Art der Arbeitsteilung — dort die engagierten und politisch bedrängten Akteure, hier ein scheinbar unbeteiligter Kritiker — mag moralisierenden Beschwörern der Einheit von Theorie und Praxis suspekt vorkommen. Allein, nicht ich habe mich so in die Lage gebracht, nur aus gewisser Distanz die „behutsame Stadterneuerung" als das *entmystifizieren* zu können, was sie in Wirklichkeit verkörpert: *Den Widerspruch institutioneller Reformpraxis.*

Nun verhält es sich freilich *nicht* so, daß sich meine Kritik *von außen* auf den Kreuzberger Erneuerungsprozeß richtet: Als seit bald 15 Jahren in Kreuzberg Lebender fühle ich mich sehr wohl von der soziopolitischen Entwicklung dieses Stadtteils „betroffen"; als Altbaumieter, als Vorstandsmitglied eines Kreuzberger Sportvereins, als Sympathisant der Besetzerbewegung, als Mitwirkender am alternativen Projekt Mehringhof und aufgrund mehrjähriger Tätigkeit als Sozialarbeiter kenne ich viele Kreuzberger Probleme aus eigener Anschauung. Gleichzeitig begleite ich den Verlauf der Kreuzberger Stadterneuerung seit den Anfängen der Internationalen Bauausstellung aus einer praxisbezogenen wissenschaftlichen Perspektive. In meiner Arbeit am *Forschungsschwerpunkt Stadterneuerung der Hochschule der Künste Berlin* galt mein besonderes Interesse den Wechselwirkungen von Milieuentwicklung und Sanierungspolitik in innerstädtischen Erneuerungsgebieten, den Lebensverhältnissen und subkulturellen Orientierungen Jugendlicher in Kreuzberg 36 und den Bedingungen und Grenzen von Sozialplanung und Sozialarbeit.

Diese Bezüge zum Stadterneuerungsgeschehen in Kreuzberg schließen eine Kritik von der Warte des Elfenbeinturms aus. Damit leugne ich keinesfalls meine subjektive Versuchung, zwischen privater „Betroffenheit" und politischem Engangement nach Feierabend sowie wissenschaftlicher Objektivität und Distanz andererseits zu trennen; eine solche Haltung könnte sich in maßgeblichen Kreisen sogar des Ranges einer methodologischen Tugend erfreuen. Nur säße ich dann einer Fiktion auf: Denn die professionelle Beschäftigung mit Problemen der Stadterneuerung bildet bereits einen bedeutsamen Teil des gesellschaftlichen Prozesses, den es zu untersuchen gilt: als Planungsgrundlage, als Kontrollinstrument, als Legitimationswissen, auch als Alibikritik. Ich muß mich also damit konfontieren, daß sich Relevanz und Inhalte von Stadterneuerungsforschung *außerwissenschaftlich* bestimmen, das heißt nach dem Ausmaß, in dem sich Ergebnisse *politisch* verwerten, in praktische Maßnahmen umsetzen lassen.

Dieser Verlust des Scheins wissenschaftlicher Unschuld läßt sich nicht durch *im Detail* kritische Analysen kompensieren oder gar vermeiden; und erst recht nicht durch den Hinweis auf die persönliche Integrität, die Vertrauenswürdigkeit und den „guten Willen" der Integrationsfiguren „behutsamer Stadterneuerung". Ich schlage daher für den Fortgang dieser Überlegungen — trotz moralischer Bauchschmerzen, weil ich einige Akteure „behutsamer Stadterneuerung" kenne und als Persönlichkeiten schätzen gelernt habe — einen etwas unbequemeren Weg vor: *Verrat begehen*.

Was meine ich mit „Verrat"? Als Verrat — ob mit oder ohne Gänsefüße — könnte bezeichnet werden: Immanente Übereinkünfte und Tabus der aktuellen Stadterneuerungsdiskussion zu brechen; grundsätzliche Kritik anzumelden, obwohl die Fortschritte „behutsamer Stadterneuerung" durch politische Eingriffe bedroht scheinen; das professionelle Selbstverständnis und die politische Identität der handelnden Akteure zu durchleuchten; schließlich das Modellhafte „behutsamer Stadterneuerung" in den *normalen Gang* der Ausweitung und Verfeinerung gesellschaftlicher Machtverhältnisse einzuordnen — genau das beabsichtige ich.

Tatsächlich soll die Metapher „Verrat" hier zwei parallele Bewegungen bezeichnen: Die *Entgrenzung von Kritik* und damit den Ausbruch aus einem System sich etablierender Bedeutungen und Konventionen; gleichzeitig den Entzug der *protektionierenden Sinngebung* einer sich auf neuer Stufe reproduzierenden Ordnungsmacht. „Verrat" signalisiert den Beginn eines womöglich innovativen Aktes wie auch die Gefahr, die Sicherheit gewohnter Strukturen und Rollen preiszugeben.

Nun gibt es allerdings gute Gründe dafür, die Kreuzberger Entwicklung aus einer Perspektive zu betrachten, die bewußt den Rahmen „behutsamer Stadterneuerung" verläßt: *Zunächst* durchziehen den Kreuzberger Erneuerungsprozeß Ambivalenzen (etwa die Gefahr der Produktion eines „schön-geschminkten-Slums"; die Berufung auf soziale Selbstheilungskräfte bei gleichzeitigem Ausbau hoheitlicher Planungsaktivitäten; der Durchbruch und die Förderung sozialorientierter Konzepte unter einem CDU-Senat), die innerhalb des Diskurses „behutsamer Stadterneuerung" nicht erklärbar sind. —*Ferner* entwickelt „behutsame Stadterneuerung" intersubjektive Arbeitsweisen (z. B. soziale Dienstleistungsbeziehungen, kulturelle Animation), zu deren kritischer Beurteilung es spezifischer sozialwissenschaftlicher Instrumente und Methoden bedarf. — *Weiterhin* erzielt „behutsame Stadterneuerung" eine Reihe sehr unterschiedlicher Wirkungen (auf verschiedene Sozialgruppen, auf die beteiligten Akteure, auf administrative Strategien, auf die herrschende Stadterneuerungsindeologie: und zwar in Kreuzberg wie auch im gesamtstädtischen Rahmen), deren Funktion und Zusammenspiel nur in einem allgemeineren theoretischen Konzept analysierbar sind. — *Schließlich* bedarf „behutsame Stadterneuerung" einer historisierenden Untersuchung. Es reicht nicht aus, lediglich ihre zweifellos erzielten Fortschritte gegenüber den hergebrachten Planungs- und Sanierungsverfahren herauszustellen. Eine solche Betrachtungsweise übersieht, auf welche Wandlungen sozialer, politischer und ökonomischer Ausgangsbedingungen (hierzu zähle ich u. a. das Anwachsen soziokulturell differenzierter und marginalisierter Bevölkerungsgruppen und die finanzpolitisch begründete Entscheidung gegen eine wachstumsorientierte Wohungspolitik zugunsten einer fortschreitenden Liberalisierung) „behutsame Stadterneuerung" notwendigerweise neue und experimentelle Antworten zu geben sucht.

Erst auf diesem Hintergrund läßt sich klären, ob bzw. in welchem Sinne „behutsame Stadterneuerung" als Stadtentwicklungsmodell der Zukunft angesehen werden kann.

Es geht mir also wesentlich um die Erarbeitung eines theoretischen Rahmens, innerhalb dessen die Rolle „behutsamer Stadterneuerung" bei der aktuellen soziopolitischen Entwicklung Kreuzbergs 36 sinnvoll diskutiert werden kann. Dieser Rahmen wird sich zur Erklärung durchaus gegensätzlicher und verwirrender Prozesse in diesem Gebiet eignen: *„Behutsame Stadterneuerung" verdeckt einen Widerspruch, dessen Produkt sie ist und den sie durch ihre Existenz lössen soll.* Es handelt sich um den Widerspruch zwischen dem Ziel der baulichen und sozialen Erneuerung von Kreuzberg 36 *im Interesse der dort lebenden Menschen* sowie dem Auftrag der Anpassung *politisch-administrativer Funktionen* an gewandelte sozialpolitische und wirtschaftliche Konstellationen.

Indem ich „behutsame Stadterneuerung" als Verkörperung des *Widerspruchs institutioneller Reformpraxis* begreife, eröffnet sich die Möglichkeit, zwei scheinbar gegensätzliche Positionen *gleichzeitig* einzunehmen: Zunächst erkenne ich an, daß „behutsame Stadterneuerung" eine Reihe bedeutsamer sozialer Veränderungen hervorbringt. In Konflikten mit politischen und ökonomischen Interessengruppen realisiert sie nachdrücklich vorgebrachte Forderungen der sogenannten Betroffenenseite; in gewissem Sinn übt sie anwaltliche Funktionen für sozial unterprivilegierte Bevölkerungsgruppen aus. Andererseits betone ich die immanente Verbindung von „behutsamer Stadterneuerung" und gesellschaftlicher Macht; ich weise nach, daß „behutsame Stadterneuerung" administrativ-politische Funktionen wahrnimmt, die der Modernisierung von Instrumenten gesellschaftlicher und politischer Herrschaftsausübung dienen. — Ich gehe davon aus, daß beide Positionen *zusammen* die Realität „behutsamer Stadterneuerung" beschreiben; sie bilden die beiden Seiten des Widerspruchs, dessen Konsequenz „behutsame Stadterneuerung" ist.

Welchen Nutzen ich von diesem Ansatz erwarte? Sicherlich kein fertiges Alternativkonzept zur „behutsamen Stadterneuerung". Auch nicht eine modisch-kritische Bereicherung der Stadterneuerungsdiskussion, die sich als exotische Beilage in den herrschenden Diskurs einverleiben läßt. Ich denke, es wäre schon viel erreicht, wenn sich eine *Politisierung der Stadtentwicklungsdiskussion* bewirken ließe; genauer formuliert: Die Politisierung jener Aspekte von Stadterneuerung, die in der aktuellen Diskussion ausgeblendet bleiben, technisiert, verdrängt oder idealisiert werden. Oder —wenn man will — auch pessimistisch ausgedrückt:

„Wir können die Herrschenden nicht dazu zwingen,
die Wahrheit zu sagen.
Wir können sie aber dazu zwingen,
immer unverschämter zu lügen."

So lautete jedenfalls ein Instandbesetzer-Graffito an einer Hauswand des Kreuzberger Fraenkel-Ufers.

Am Ende herrscht Konfusion

Wir befinden uns am Anfang des Jahres 1981:
Es vergeht kaum eine Woche ohne neue Hausbesetzungen. Die Straßenschlachten im Dezember '80 lassen eine polizeiliche Lösung des „Besetzerproblems" kaum durchsetzbar erscheinen. Die Medien greifen Themen wie „neue Wohnungsnot", „Krise der Stadterneuerung" und „Jugendprotest" begierig auf. Aktiver Widerstand und öffentlicher Legitimationsverlust der Berliner Sanierungs- und Wohnungspolitik verstärken sich jetzt gegenseitig. Das Schlagwort von der „Unregierbarkeit" Berlins macht die Runde. Der SPD-Senat wirkt wie gelähmt: Die Verantwortlichen müssen zugeben, Fehler gemacht zu haben;Senatoren werden durch auswärtige Politiker ersetzt. Die Nachfolger sprechen von Versäumnissen, vom sozialdemokratischen „Berliner Filz", von Strukturproblemen und davon, daß sich einiges ändern werde.

Dieser Sinneswandel vollzieht sich recht plötzlich. Es bedurfte offenbar manifester Protestaktionen und der Aufdeckung weiterer Skandale (Garski), um den SPD-Senat aus eingefahrenen Bahnen zu werfen. Noch Mitte des Jahres 1980 stand das sozialdemokratisch geführte *Berliner Stadterneuerungskartell* (Senat und Bauverwaltung, öffentliche und private Sanierungsträger) fest auf den *drei Grundpfeilern* bisheriger Sanierungspolitik: *hoher Erneuerungsstandard, erheblicher Abrißanteil und Verbesserung der Sozialstruktur*. Man kümmerte sich wenig darum, daß entscheidende Voraussetzungen dieser Politik inzwischen brüchig wenn nicht hinfällig geworden waren.
So hielt man etwa lange Zeit an der Behauptung fest, die Berliner *Wohnungsversorgung* sei zumindest quantitativ ausreichend. Man übersah geflissentlich, daß mehr als 15 000 Wohnungssuchende einen Dringlichkeitsschein besaßen, daß regelmäßig dutzende von Bewerbern auf eine Zeitungsannonce reagierten, daß horrende Ab-

stände für Altbauwohnungen gefordert werden konnten etc. — Weiterhin gab man sich zuversichtlich, was die *Zufriedenheit* der betroffenen Mieter mit der gängigen Sanierungspolitik anging: Man meinte ihnen ohne weiteres zumuten zu können, preiswerten und durchaus erhaltenswürdigen Wohnraum zugunsten wesentlich teurerer Neubau- bzw. durchmodernisierter Wohnungen zu zerstören; man verkannte, daß die Zahlungsfähigkeit des größten Teils der sanierungsbetroffenen Mieter überschritten wurde. Man ignorierte dabei die von Betroffenenvertretungen vorgetragene, wie auch durch offiziell beauftragte wissenschaftliche Untersuchungen bestätigte Kritik, die neben dem schleppenden Verlauf verschiedener Sanierungsabläufe auch die soziale Entwurzelung vieler Mieter und besonders die unerträglich werdenden *ökonomischen Belastungen* betraf. — Ferner verweigerte man sich den von Bewohnervertretern langjährig erhobenen *Forderungen* nach einer qualifizierten Mitbestimmung, nach Instandsetzung der vom Verfall bedrohten Häuser, nach Entmietungsstop und Wiedervermietung leerstehender Wohnungen. — Darüberhinaus verschloß man die Augen vor der Tatsache, daß die praktizierten Sanierungs-programme die *Zunahme des erneuerungsbedürftigen Wohnungsbestandes* beschleunigten. In Erwartung künftiger Sanierung wirtschafteten private Eigentümer als auch Sanierungsträger ihre Häuser immer weiter herunter; aufgrund enorm steigender Baukosten bei nur geringen Steigerungsraten der öffentlichen Haushalte vergrößerte sich so die Schere zwischen den selbstgesetzten sanierungspolitischen Zielen und den tatsächlichen Neubau- bzw. Modernisierungsleistungen rapide. Man reduzierte dieses Dilemma auf ein organisatorisch-finanztechnisches Problem, das man vergeblich durch modifizierte Sanierungsprogramme zu bewältigen suchte. — Schließlich wollte man offenbar nicht wahrhaben, daß die angestrebte *Verbesserung der Sozialstruktur* ein illusorisches Unterfangen bildete. Stattdessen bereite die Kreuzberger Sanierungspraxis erst den Boden für den massenhaften Zuzug sogenannter Problemgruppen: Sozialhilfeempfänger, Ausländer, Jugendliche, Aussteiger etc. Es vollzog sich ein Prozeß der sozialen Neuzusammensetzung Kreuzbergs, dem administrativ entgegenzusteuern (z. B. Zuzugssperre für Ausländer) sich als aussichtslos erwies.

Nun begingen wir einen Fehler, wenn wir im Nachhinein leichtfertig urteilten: *Über soviel Borniertheit und Blindheit kann man nur staunen.* Denn wir müssen berücksichtigen, daß der krampfhafte Versuch, an der bisherigen Sanierungspolitik festzuhalten, mehr als bloß das Versagen einiger Politiker signalisierte; er verweist darauf, daß die Berliner Sanierungspolitik wesentlich auf einem mühsam ausbalancierten Gleichgewicht unterschiedlicher Interessen beruhte: Eine grundlegende Umorientierung hätte das bestehende Stadterneuerungskartell zu sprengen gedroht.

Das Berliner Stadterneuerungskartell

Grob skizziert bestand das Stadterneuerungskartell aus dem sozialdemokratisch geführten Bausenat, den gemeinnützigen Wohnungsbaugesellschaften und -genossenschaften und den privaten Abschreibungsfirmen. Alle drei waren — wenn auch aus unterschiedlichen Gründen — für einen hohen Standard nach der Sanierung: also durchgreifende Modernisierung oder Abriß und Neubau. Für die SPD war es wohnungspolitisches Ziel, Wohnungen mit dem Standard des sozialen Wohnungsbaus prinzipiell für alle zur Verfügung zu stellen; die Gemeinnützigen wollten die langfristige Vermietbarkeit ihrer Wohnungen bei möglichst geringen Instandhaltungskosten gesichert sehen; und die GmbH und Co KGs brauchten für ihre Anleger möglichst hohe Anfangsinvestitionen für steuerliche Verlustzuweisungen. Der Senat war aus städtebaulichen Gründen für die Auskernung, die Gemeinnützigen wollten wegen der befürchteten Instandhaltungskosten sowieso so-

wenig Altbausubstanz wie möglich erhalten, während die „Freien“ diese Fragen vor allem unter förderungstechnischen Gesichtspunkten betrachteten.

Neben der grundlegenden Erneuerung der Bausubstanz wurde die Verbesserung der Sozialstruktur angestrebt. Auch hier wurde das Ziel vor allem durch die staatlichen Instanzen — besonders die bezirklichen — und die Gemeinnützigen verfolgt. Letztere wollen stets ruhige, solvente, dem Idealbild des „Normalbürgers“ angepaßte Mieter, die Bezirksverwaltungen möchten Personen mit Problemen (oder solche die Probleme machen könnten) am liebsten jenseits der Bezirksgrenzen sehen; der Senat strebte eine möglichst unauffällige Verteilung der „Problemgruppen“ an, um zusätzliche Probleme bei der Infrastrukturversorgung und Gebiete mit einem negativen Image zu vermeiden. Diese Zielsetzung der „Sozialsanierung“ wurde stets auch von einem Teil der Bevölkerung unterstützt. Eine starke Fraktion innerhalb des „Bürgervereins SO 36“ erhoffte sich von den Modernisierungen im Strategiengebiet eine Verringerung des Ausländeranteils zugunsten des deutschen „Normalbewohners“.

Außer diesem stadtstrukturellen sollte auch noch ein sozialpolitisch erwünschter, „pädagogischer“ Effekt erzielt werden, der zwar nicht im Zentrum der Überlegungen stand, aber als Nebenwirkung gewollt war: Die durch die Sanierung bedingten Mietsteigerungen sollten die Mieter daran gewöhnen, in Zukunft einen höheren Anteil ihres Einkommens für die Wohnung auszugeben; Orientierungsmarke sollten die (politisch festgesetzten) Mietkosten des sozialen Wohnungsbaus und nicht die von Senat und Wohnungsbaugesellschaften als zu billig angesehenen Altbauwohnungen sein.

Die kleinen privaten Eigentümer, die nach wie vor den größten Teil des Altbausbesitzes halten, waren aus diesem Sanierungskartell praktisch ausgeklammert; sie besaßen weder das notwendige Kapital noch den organisatorischen Apparat, um durchgreifend modernisieren zu können. Ihnen wird lediglich als Kompensation für die Mietpreisbegrenzung die kontinuierliche Desinvestition durch unterlassene Instandhaltung und -setzung „erlaubt“ und durch relativ hohe Kaufpreise bei der Übernahme der Grundstücke durch Sanierungsträger versüßt.

Dem derart konstruierten Kartell entsprach nicht zuletzt das Förderungssystem. Es ermöglichte im Grunde nur „Midi- und Maxi"-Modernisierung, wenn der Eigentümer nicht Abriß und Neubau vorzog. Um letzteres durchzusetzen, konnte er sich auf die 70 %-Bestimmung berufen, nach der ein Abriß nur dann zu vermeiden war, wenn die Erneuerungskosten weniger als 70 % der vergleichbaren Neubaukosten betrugen. Da die Begutachtung der alten Bausubstanz und die Erneuerungsplanung vollständig in der Hand des Eigentümers lag, war es für ihn keine Schwierigkeit, die 70 %-Grenze dort zu überschreiten, wo er abreißen wollte. Die damals an den Förderungsbestimmungen geäußerte Kritik, sie seien zu unflexibel und würden dadurch den Abriß von verwendbarer Bausubstanz begünstigen, stellte darum auch den kausalen Zusammenhang auf den Kopf: es wurde nicht deshalb soviel abgerissen, weil die Förderungsbestimmungen dies verursachten; sondern die Förderungsbestimmungen waren so, damit viel abgerissen werden konnte.

Unterfüttert und legitimiert wurde das Stadterneuerungskartell durch Wohnungsbedarfsprognosen, die aufzeigten, daß bereits Anfang der 80er Jahre Wohnungen in unverantwortlichem Ausmaß leerstehen würden, wenn nicht in großem Umfang abgerissen würde. Dabei klang auch stets die Sorge durch, daß bei einem hohen Angebot billiger Wohnungen — selbst wenn diese schlecht ausgestattet und erhalten wären — die Vermietung der teuren Sozialwohnungen der 70er und 80er Jahre Schwierigkeiten bereiten würden.

Eine wesentliche Komponete bildete zudem die Unterstützung durch die Bauindustrie und die Gewerkschaften. Während die Bauindustrie aufgrund ihrer maschinellen Ausstattung auf den Neubau möglichst größerer Siedlungen eingestellt war, waren die Gewerkschaften in doppelter Weise mit dem Sanierungssystem verbunden. Als Eigentümerin von Wohnungsbaugesellschaften waren sie unmittelbar am Sanierungskartell beteiligt, als Interessenvertreter der Bauarbeiter an der Erhaltung der Arbeitsplätze und der Einkommensstruktur interessiert. Das gewohnte Einkommen konnten die Bauarbeiter nur über Akkord- und Leistungslöhne im Neubau erreichen.

Dieser sanierungspolitische Kompromiß wurde bis Ende 1980 gegen jede Kritik verteidigt. Zweifellos wurde er auch von politisch einflußreichen Interessengruppen getragen, ohne deren Beteiligung Sanierung nicht durchführbar erschien. Dagegen hätte ein Umschwenken auf grundsätzliche sanierungspolitische Alternativen das Eingeständnis bedeutet, daß *sozialdemokratische Wohnungspolitik vor einem Scherbenhaufen stand.* Und eben dies mochten die führenden Genossen nicht wahrhaben.

Das Ausmaß des Desasters wird erkennbar, wenn ich kurz einige Voraussetzungen und programmatische Absichten dieser Politik skizziere: Die Wohnungspolitik der SPD kann als Versuch gelten, *auf Grundlage kontinuierlichen ökonomischen Wachstums* kapitalistische Wohnungswirtschaft und sozialen Fortschritt miteinander zu verbinden; ich will gleich hinzufügen, daß diese Strategie lange Jahre erfolgreich verwirklicht wurde: Mit Hilfe staatlicher Subventionen wurden einerseits wirtschaftliche Anreize für Neubau und Modernisierung geschaffen; gleichzeitig bot sich so die Möglichkeit, auf Wohnungsstandard und Miethöhe Einfluß zu nehmen, die als Mieter infrage kommenden Sozialgruppen zu bestimmen und das Wohnungsangebot der Nachfrage anzupassen. Hinzu kam, daß soziale Härten abgemildert wurden (z. B. durch Wohngeld), sowie daß die Mieter eine Anzahl von Schutzrechten genießen konnten.

Auf die Funktionsfähigkeit dieser Politik vertraute die SPD, als sie die „Rückständigkeit" Kreuzbergs 36 zu beseitigen versprach: der Mietskasernenbestand mit seiner mangelhaften sanitären Ausstattung und seiner großen baulichen Dichte, die überalterte Gebietsstruktur (Mischung von Wohnen und Gewerbe) und schließlich das noch existierende Arbeitermilieu — das sozialdemokratische „Fortschrittsmodell" sollte Kreuzberg von den Prägungen vergangener Jahrzehnte befreien und zum Ort „modernen Lebens" machen.

Ob jedoch ganze Straßenzüge der Abrißbirne zum Opfer fielen oder „nur" Blockinnenbereiche entkernt wurden, ob also Neubau oder durchgreifende Modernisierungsmaßnahmen den Charakter der Sanierung bestimmten: die sozialdemokratische Programmatik war zum Scheitern verurteilt, als ihre ökonomischen und in der Folge auch ihre sozialpolitischen Voraussetzungen *politisch nicht mehr herstellbar* waren. Genauer: als unübersehbar wurde, daß die stagnierende Wirtschaftsentwicklung mit den üblichen Mitteln der Konjunktursteuerung nicht zu kompensieren war; daß diese Krise bei bestimmten Bevölkerungsgruppen zunehmend Arbeitslosigkeit,

Unterbeschäftigung und Verarmung produzierte; und daß damit die Zustimmung dieser Sozialgruppen zur herrschenden Sanierungspolitik sich nicht mehr *hauptsächlich* über das *glaubhafte* Versprechen der Verbesserung der Wohn- und Lebensverhältnisse gewinnen ließ.

Vermutlich dürfte wesentlich zur Erschütterung des sozialdemokratischen Selbstverständnisses beigetragen haben, daß in diesem Prozeß die Konsensfähigkeit des reformistischen „Fortschrittsmodells" verlorenging: Es artikulierte sich ein *breiter Protest* gegen die *Form* dieser Politik (zentralisierte „Betonplanung", keine demokratische Beteiligung von „Betroffenen"), gegen ihre *Mittel* (Begünstigung privatkapitalistischer Spekulation, Verunsicherung und Vertreibung von Bewohnern) und gegen ihre *Inhalte* (Zerstörung von bestehenden soziokulturellen Zusammenhängen, Behinderung selbstorganisierter „Betroffeneninitiativen", Orientierung an der sogenannten Normalfamilie).

Ich will auf die Feststellung hinaus, daß die Entwicklung, die sich zum Jahreswechsel 1980/81 in Form von Straßenschlachten und massenhaften Hausbesetzungen zuspitzte, nicht bloß als sanierungspolitischer Bankrott, sondern auch als Ausdruck einer *tiefergreifenden sozialpolitischen Krisensituation* betrachtet werden muß: Die Ratlosigkeit der damals regierenden Sozialdemokraten resultierte nicht einfach aus dem Versagen wohnungspolitischer Steuerungsinstrumente; vielmehr verdeutlichte der sanierungspolitische Schiffbruch, *daß das sozialdemokratische Politikkonzept veraltet, dysfunktional und erneuerungsbedürftig war.* Speziell in Kreuzberg konzentrierte sich eine Reihe von Problemen, deren Lösung ohne kräftiges Wirtschaftswachstum nicht möglich schien, die neue Formen der gesellschaftlichen Integration bzw. Ausgrenzung sozialer „Problemgruppen" erforderten und eine Abkehr von der sozialdemokratischen Fortschrittsideologie und ihrem Etatismus verlangten. Hierzu besaß die herrschende Sozialdemokratie weder ein überzeugendes Konzept noch den erforderlichen Mut.

Wie Ungleiches zusammenfindet

Nun interessiert natürlich, welche Rolle die Altbau-IBA in der Phase des sanierungspolitischen Umbruchs spielte. Als Kind des sozialdemokratischen Bausenators Harry Ristock bewegten sich ihre Aufgaben *innerhalb* des vom Berliner Stadterneuerungskartells gesetzen Rahmens: Da war die Rede davon, die Innenstadt als Wohnort wiederzuentdecken; angeschlagene Sozialstrukturen gesunden zu lassen; die Umweltqualität zu verbessern; den öffentlichen Raum für den Bürger wiederzugewinnen; die Identifikation des Bürgers mit dem Lebensraum Stadt zu fördern etc. Hinter diesen blumigen Phrasen verbirgt sich vor allem dies: Kreuzberg sollte modellhaft wiederbelebt und aufgewertet werden.

Wie *beschränkt* der Spielraum der Altbau-IBA in Kreuzberg zunächst war, läßt sich daraus ermessen, daß ihre Tätigkeit sich schwerpunktmäßig auf die mit Bundesmitteln geförderten Modellblöcke Mariannenplatz/Heinrichplatz konzentrieren sollte. Völlig ungeklärt blieb ihr Verhältnis zu den Bauverwaltungen des Senats und des Bezirks sowie zu den weiterhin tätigen Sanierungsträgern: Es existierte weder ein geregeltes Abstimmungsverfahren zwischen Konzeptionsentwicklung und Förderungsentscheidungen noch waren die Weisungskompetenzen der IBA-Planer geregelt.

Eine Teilklärung dieser offenen Probleme erfolgte erst Anfang 1981, als die IBA den *Status eines treuhänderischen Sanierungsträgers* erhielt. Der mit dem Senat getroffene Treuhändervertrag erweiterte das Arbeitsfeld der IBA beträchtlich: Die Bauausstellung übernahm nun sämtliche planerischen Vorbereitungen in 14 Blöcken des Sanierungsgebietes Kottbusser Tor; in ihre Verantwortung gingen ferner die Beratung von Mietern, Betroffenenvertretungen und Eigentümern sowie die Durchführungskoordination über.

Bis Anfang 1981 liegen die wesentlichen Verdienste der IBA in der *Behinderung* des „normalen" Sanierungsvollzugs durch das Stadterneuerungskartell: IBA-Mitarbeiter beteiligten sich an Winterfestmachungsaktionen, begleiteten die ersten Instandbesetzungen zumindest mit wohlwollender Sympathie, unterstützten die Forderungen von Mieterläden und Bürgerinitiativen und blockierten bestehende Abriß- und Modernisierungsplanungen.

In ihrer Anfangsphase konnte die IBA den *sanierungspolitischen Kurs* in Kreuzberg also kaum beeinflussen. Hinweise auf Bewohnerinteressen, auf bereits erprobte kostengünstigere Erneuerungsverfahren (Block 118 in Berlin-Charlottenburg), die Untauglichkeit bestehender Förderungsprogramme und die Schwerfälligkeit der Sanierungsbürokratie blieben weitgehend wirkungslos. Allerdings dürfen wir nicht übersehen, daß die IBA-Akteure auf der Ebene politischer Deklarationen und durch das eigene soziale Engagement zumindest *programmatisch und ideologisch* den Weg für eine erneuerte Sanierungspraxis bereiteten.

Die *Stunde der fortschrittlichen Planer* schlägt jedoch erst, als der Senat Anfang 1981 sich seine wohnungs- und sozialpolitische Ratlosigkeit eingestehen muß. Wenn wir den bisherigen Verlauf der IBA als Vorbereitungs- oder Reifungsphase werten, beginnt nun *das goldene Zeitalter der „behutsamen Stadterneuerung"*: Das alte Stadterneuerungskartell zerbricht; die IBA wird Treuhandträger; die Parole heißt jetzt „Kreuzberg baut auf".

Jetzt vollzieht sich ein *Erneuerungsschub*. Argumente und Vorschläge, die jahrelang auf dem Tisch lagen, finden endlich Gehör; ausländische Erfahrungen werden zur Kenntnis genommen: Instandsetzungsmaßnahmen, der Erhalt von Seitenflügeln und Hinterhäusern, Mietermodernisierung, sozialorientierte Trägerformen, Selbsthilfeprogramme, Partizipationsgremien — all diese Bausteine für eine „behutsame Stadterneuerung" nehmen nun *konkrete und praktische Gestalt an.*

Freilich bedeutet diese Veränderungswelle *nicht*, daß mit einem Mal alle Widerstände gegen eine sozialorientierte Stadterneuerung beseitigt wären: Selbstverständlich verfolgen gemeinnützige wie auch private Sanierungsgesellschaften weiterhin ihre spezifischen Profitinteressen; selbstverständlich müssen sich die angestrebten Reformen in den Rahmen rechtlicher Bestimmungen, finanzieller Möglichkeiten und administrativer Verfahrensregeln einfügen; und selbstverständlich kontrolliert und bremst der neue CDU-Senat den Innovationsdrang der IBA-Planer: Auf seinem Programm steht *keine grundlegende Veränderung* — es geht ihm *zunächst* darum, alte

Zöpfe abzuschneiden, offensichtliche Fehlentwicklungen zu korrigieren und den Sanierungskarren wieder flott zu machen.

Die Kreuzberger Entwicklung hat jetzt ein Stadium erreicht, in dem ein *neuer sanierungspolitischer Kompromiß* erreicht werden muß : Es gibt wie gesagt einen neuen Senat; das alte Sanierungskartell funktioniert nicht mehr; die ursprünglich wohnungspolitischen Proteste weiten sich auf andere gesellschaftliche Bereiche aus und berühren längst Fragen der „Inneren Sicherheit"; es existiert eine Infrastruktur sanierungspolitischen Widerstandes, an der auch weite Teile der „liberalen" Öffentlichkeit (Kirchengemeinden, Gewerkschaftsgruppen, Hochschullehrer, Studentenvertretungen, Jugendverbände, Künstler etc.) aktiv teilhaben; die lokale Konzentration sogenannter Problemgruppen in Kreuzberg 36 erfordert eine Veränderung sanierungspolitischer Zielsetzungen und Vorgehensweisen.

Angesichts dieser Problemkonstellation kann es in Kreuzberg keine bloß modifizierte Neuauflage des alten Sanierungskartells geben : Ein neuer sanierungspolitischer Kompromiß muß nicht nur die anstehenden wohnungspolitischen Fragen neu beantworten; er muß auch den sozialpolitischen Konsens neu organisieren sowie vor allem die politisch, sozial und kulturell „abweichenden" Bevölkerungsgruppen mit einbeziehen — an die Stelle des alten Stadterneuerungskartells tritt nun eine Art *informelle Interessengemeinschaft zur Erneuerung der Stadterneuerung in Kreuzberg*.

Mit dieser etwas blassen Formulierung will ich dreierlei andeuten : einmal, daß bei allen Beteiligten ein Interesse besteht, die *Richtung* der Kreuzberger Entwicklung zu verändern; zweitens, daß es nicht allein um Sanierung, sondern um die *Produktion neuer politischer und soziokultureller Strukturen* geht; und schließlich, daß mehr oder minder *stillschweigende Übereinkünfte* darüber bestehen, daß die Durchsetzung besonderer Interessen nicht ohne die Mitwirkung aller Beteiligten möglich ist.

Wie funktioniert nun diese *informelle Interessengemeinschaft*? Unter der *Leitfigur „behutsame Stadterneuerung"* bildet sich eine dynamische Struktur von Absprachen, Beteiligungen, Einflußnahmen, Vermittlungen, Kompensationen und Kompromißlösungen. Das zentrale *Kristallisationselement* dieser Struktur ist die IBA : In ihren Aktivitäten schneiden sich gleichsam die verschiedenen gesellschaftlichen Entwicklungslinien; sie wächst in die Rolle eines Mediums, das den *Zusammenprall* verschiedener Interessen zu einer *Verknüpfung* umzuwandeln vermag; sie errichtet organisatorische und konzeptionelle *Rahmen*, in denen sich konkurrierende Interessen verbinden können. Mit einem Wort: Es entsteht das die „behutsame Stadterneuerung" auszeichnende *Konsensmodell*.

Exemplarische Bedeutung hierfür dürfte der *Arbeitsgruppe Erneuerungskommission (AEK)* im Sanierungsgebiet Kottbusser Tor zukommen. Diese in Anlehnung an das *„Rotterdamer Modell"* geschaffene Einrichtung setzt sich aus verantwortlichen Vertretern des Senats, des Bezirks Kreuzberg, der IBA, der Sanierungsträger sowie aus Bewohnern und Gewerbetreibenden zusammen. Gelegentlich nehmen auch Mitarbeiter von Kirchengemeinden, Aktivisten aus sozialen Projekten, Initiativen und Mietergruppen sowie Angehörige der sogenannten Fachöffentlichkeit an den Sitzungen teil : Die AEK ist prinzipiell für alle „Betroffenen" offen; jeder, der es wünscht, hat Rederecht. Hier werden Planungen und Maßnahmen diskutiert, die Standpunkte einzelner Beteiligter verdeutlicht, Vorbehalte ausgeräumt, Detailprobleme gelöst, Kompromisse gefunden, Mißverständnisse geklärt, Prioritäten gesetzt — in manchen Fällen auch erst einmal nur kontroverse Positionen formuliert. Man bemüht sich um unbürokratische Verfahrensweisen, akzeptiert auch die unkonventionellen und für mancheinen Bürokraten durchaus befremdlichen Umgangsformen etwa bestimmter Hausbesetzer. Man gibt sich politisch liberal und kooperativ : Bindende Entscheidungen werden hier ohnehin nicht getroffen. Dennoch verpflichten sich die Senatsvertreter, gemeinsam zustande gekommene Empfehlungen mitzutragen : *Straßenschlachten verwandeln sich so in Redeschlachten.*

Zweifellos begleitet diese Entwicklung auch eine gewisse *politische Demobilisierung*. Die Auseinandersetzungen finden nun auf einem Feld statt, auf dem sich die „Betroffenen" nicht unbedingt heimisch fühlen; ihre Mitarbeit an Gremien wie der AEK läßt bald jegliche Kontinuität vermissen : Sie erscheinen vorwiegend dann, wenn ihre spezifischen und partikularen Interessen berührt werden; ansonsten nehmen mehr oder minder selbsternannte „Berufsbetroffene" ihre Interessenvertretung wahr. Immerhin erkennen sie aber diese Gremien als Plattformen an, auf denen sie ihren Belangen Gehör verschaffen und den erkämpften sozialen Besitzstand verteidigen und sogar vermehren können.

So beschreibt die Formel „behutsame Stadterneuerung" eine Politik, die ich nicht ohne Ironie *Linie der Vernunft* nennen möchte : Die Stadtentwicklung in Kreuzberg orientiert sich nicht mehr an illusorischen Vorstellungen, das Gebiet um jeden Preis baulich und sozial an eine fiktive Normalität anzugleichen. Ebenso beharren die „Betroffenen" bzw. ihre Vertretungsorgane nicht bis zur gewaltsamen Konfrontation auf ihren Forderungen: Die einen akzeptieren bestehende soziale Experimente und soziokulturelle Andersartigkeiten, die anderen fügen sich in haushaltspolitische und verfahrenstechnische Sachzwangargumentationen. Alle begrüßen Prozesse der Dezentralisierung und Entbürokratisierung. Vermittelt über die IBA-Planer herrscht ein wechselseitiger Informationsfluß. Die Beteiligten verkehren miteinander, wenn auch nicht immer sehr freundlich. Und jeder darf hoffen, das *Bestmögliche* für sich herauszuholen. *Aber*: Wie in jeder guten Aktiengesellschaft gleichen die kleinen Anteile zwar juristisch, jedoch *nicht de facto* die Macht der großen Aktienpakete aus.

Die netten Leute aus der Lindenstraße*

In den bisherigen Überlegungen bin ich ohne eine Definition des Begriffes *Macht* ausgekommen. Ich wollte zunächst einige Fakten der Kreuzberger Entwicklung für sich selbst sprechen lassen und so unbedingt den Spuk eines politischen Weltbildes vermeiden, das die gesellschaftlichen Akteure lediglich als Marionetten polit-ökonomischer Strukturen bzw. als Agenten herrschender Interessen zu verkennen vermag. Auch möchte ich mich nicht gewissen paranoiden Verschwörungstheorien anschließen, denen zufolge der Prozeß „behutsamer Stadterneuerung" den Vollzug eines bestimmten, von irgendeiner obskuren Machtelite beschlossenen Plans bildet; solche Vorstellungen sind politisch naiv und *erklären in Wahrheit nichts*.

Natürlich kann ich nicht bestreiten, daß es sich bei einigen Akteuren „behutsamer Stadterneuerung" um handfeste Karrieristen handelt. Noch unterstelle ich, daß „behutsame Stadterneuerung" ohne Rücksichtnahme auf wirtschaftliche Interessen und ohne Abstimmung mit politischen Entscheidungsträgern überhaupt existierte. Im Gegenteil : Diverse Kunkeleien lassen sich einfach nicht übersehen. Und ebensowenig besteht ein plausibler Grund für die Annahme, daß etwa staatliche Strategien „Innerer Sicherheit" die Kreuzberger Verhältnisse ausnähmen; hierfür liefert allein die Art der Polizeipräsenz in Kreuzberg 36 genug Anschauung.

* Seit dem Umzug der Altbau-IBA im Frühjahr 1984 könnte es auch heißen: Die netten Leute aus der Köpenicker Straße

Dennoch vermitteln diese Tatbestände bloß eine *verkürzte, weil statische Auffassung von Macht*: Macht nur als vorgegebene, dem Staatsapparat und herrschenden Gesellschaftsstrukturen inhärente Größe. Ein solches funktionalistisches Verständnis ist hermetisch und von den theoretischen Grundannahmen her pessimistisch. Es läuft auf die häufig geäußerte, aber doch sehr schlichte Feststellung hinaus, daß das „Schweinesystem" an allem Schuld trage: An die Stelle einer gesellschaftlichen Analyse rückt tendenziell ein politisches Glaubensbekenntnis.

Nun läßt sich selten Einigkeit erzielen, wenn man über Fragen des Glaubens streitet. Doch darum geht es mir auch nicht. Von Belang ist hier das Problem, daß gesellschaftliche Macht in sozialen Konflikten, in durchaus widersprüchlichen politischen Prozessen und durch deren jeweilige Akteure hindurch entsteht und sich vermittelt: Wir benötigen eine Erklärung dafür, daß *durchweg fortschrittliche* Planer, Architekten, Sozialarbeiter etc. *entgegen ihrer erklärten und aufrichtigen Ansprüche* an der Modernisierung herrschaftlicher Interventionstechniken mitwirken; mehr noch: daß die spezifische Art ihrer Tätigkeit die Funktionen „behutsamer Stadterneuerung" im System gesellschaftlicher Machtausübung verhüllt. Gefragt ist nach *einem dynamischen Verständnis von Macht*; nach dem *Ablauf von sozialen, kulturellen und psychischen Vorgängen*, in denen sich Machtbeziehungen herausbilden bzw. veränderte Formen annehmen.

Das Problem lautet also: Wie stabilisieren und modernisieren Akteure „behutsamer Stadterneuerung" den gesellschaftlichen status quo, *obwohl* sie in vielerlei Hinsicht die vorgegebenen Handlungsstrukturen aufweichen, abwandeln, in Frage stellen, umgehen und durchbrechen? An Beispielen solch oppositioneller Haltungen mangelt es nicht — denken wir nur an das couragierte Auftreten des Bezirksstadtrates für Bauwesen, Werner Orlowsky, der sich Anweisungen des Senats widersetzt; oder an den integrativen Politikansatz der IBA gegenüber Ausländern, der sich als schroffer Gegensatz zur staatlichen Linie der Reglementierung und „Rückführung" verstehen läßt. Vergegenwärtigen wir uns ferner die unbürokratischen und —nach geläufigem Verständnis — halblegalen Unterstützungsleistungen für besetzte Häuser, Mieterläden etc. Oder erinnern wir uns schließlich an die — auch dank beharrlichen Muts des Altbau-IBA-Chefs Gustav Hämer, immer wieder neue Wege zu beschreiten — vollzogene Wandlung der Planungsperspektive und Arbeitsweise in

Richtung Sozialorientierung.

Die Auflösung dieses paradoxen Problems fällt recht einfach, wenn wir die Praxis der Akteure „behutsamer Stadterneuerung" näher zu charakterisieren suchen. Worauf bezieht sich ihre oppositionelle Haltung ? In welchen Bereichen vermögen sie Fortschritte zu erzielen ? Auf welche Spielregeln lassen sie sich ein ?

Wir haben gesehen, daß das massive Auftauchen „neuer Probleme" — oder präziser : die Unzulänglichkeit der hergebrachten administrativen Verfahren und Strukturen im Umgang mit den Folgen veränderter gesellschaftlicher Rahmenbedingungen — den Prozeß „behutsamer Stadterneuerung" in Gang gebracht hat; einstige Kritiker kapitalistischer Sanierungspraxis können in ihm zu *kompetenten Experten für diese „neuen Probleme"* avancieren.

Was zeichnet nun einen solchen Experten aus? Zunächst können wir erwarten, daß er *sich auskennt;* und zwar sowohl hinsichtlich der Diagnose der Probleme als auch in der Auswahl bzw. der sachgerechten Entwicklung angemessener und praktikabler Behandlungsformen. Darüberhinaus sollte er *kein Fachidiot* sein, also Zusammenhänge herstellen, ganzheitlich denken und kooperativ handeln können. Weiterhin darf er seine Aufgabe *nicht als Job* begreifen; er muß sich engagieren und in die „Betroffenen" hineinfühlen, Vertrauen stiften, Beziehungen eingehen wollen und die eigene Rolle kritisch reflektieren, dabei aber klaren Kopf behalten können. Und schließlich gehört zu seiner Ausstattung eine gewisse *Seriosität:* er darf nicht den Eindruck eines Chaoten oder Fanatikers sondern eines ernstzunehmenden und verläßlichen, wenn auch manchmal unbequemen Partners gegenüber den politisch Verantwortlichen abgeben.

Das Soziale am Holzbalken

Der frische Kaffee steht schon auf dem Tisch, als wir an der Tür klingeln. Wir werden erwartet. Rudi, der „Bauexperte" einer Selbsthilfegruppe, erklärt noch einmal, was er von uns will: eine Gutachten über den Zustand der Holzbalken des Hauses, das eine Gruppe junger Leute gekauft hat und nun mit Mitteln aus dem Selbsthilfeprogramm des Senats modernisieren will.

Die Gruppe hat schon einiges geleistet. In einigen Wohnungen funktionieren bereits die selbst installierten Heizungen. Einige Zimmer sehen nach „Schöner-wohnen" aus. Die kaputten Dielen des Trockenbodens sind aufgenommen, Teile des Daches ausgebessert. In der nächsten Woche werden neue Fenster geliefert und gemeinsam übers Wochenende eingebaut.

„Wir kommen ganz gut voran", *freut sich Rudi,* „aber hier wohnen ja auch einige gelernte Handwerker. Zwei Installateure, ein Tischler und zwei Elektriker. Und die Leute im Haus verstehen sich auch ganz gut," *fügt er lächelnd hinzu.*

Eine solch glückliche Zusammensetzung der Gruppe ist nicht die Regel. Aus anderen Häusern wissen wir, daß oftmals das handwerkliche Bemühen schnell wegen mangelnder Fähigkeiten erlahmt. Oder daß Streitereien die Gruppe völlig blockieren.

Überhaupt scheint es keinen Normalfall zu geben: Eine Gruppe will, daß wir möglichst viel Schäden finden, damit sie auch viele Senatskohle bekommt. In einem anderen Haus befürchten die Bewohner, daß ein negatives Gutachten ihre Bleibe zum Abriß verurteilt. Oder eine Rentnerin hat Angst, uns in ihre Wohnung zu lassen. Ein Hauswart weiß noch, wo im Krieg eine Granate eingeschlagen hat, wo früher Wasserrohrbrüche aufgetreten sind und an welchen Stellen der Fassadenputz erneuert wurde; er liefert uns damit überaus wichtige Informationen. Ein türkischer Vater wiederum bangt um die Ehre seiner Familie; wir dürfen nur in seinem Beisein arbeiten. Schließlich werden wir von jungen Leuten beschimpft, weil sie mit Sanierung überhaupt nichts zu tun haben wollen.

Häufig steht das Gespräch mit den Bewohnern in Mittelpunkt; es ist zumeist Grundbedingung unserer Arbeit; um zu informieren, Mißverständnisse auszuräumen, uns ihre Sorgen anzuhören, über den Fortgang der Sanierungsarbeiten zu sprechen und um die Bewohner in die Untersuchung einzubeziehen.

So auch in unserer Selbsthilfegruppe: Wir erklären, wo, in welchem Abstand, wie viele und wie dicke Löcher in die Balken gebohrt werden müssen. Rudi, der Tischler gelernt hat, will das bis in einer Woche erledigen. Hoffentlich findet er zwischen dem Fenstereinbau noch genug Zeit. Sonst will er uns anrufen. Er nimmt uns diesmal einen zeitaufwendigen Teil unserer Arbeit ab. Wir können dann mit dem Endoskop gleich nach Schäden im Deckenbereich suchen. „Das finde ich spannend," *erklärt Rudi,* „man will ja immer dazulernen."

Über soviel Engagement freuen wir uns. Denn wir kennen auch Selbsthilfegruppen, die es am liebsten gesehen hätten, wenn wir ihnen die verrotteten Balkenköpfe gleich eigenhändig repariert hätten.

Diese idealtypische Figur des kompetenten Experten finden wir in der Realität wahrscheinlich nicht vor; wenn man so will, fungiert die *Altbau-IBA* als so etwas wie ein *„ideeller Gesamtexperte"*. Sie bildet eine Struktur, die Akteure mit entsprechenden und sich ergänzenden Qualifikationsprofilen in sich aufnimmt; auf ihre Akteure zurückwirkend verlieht sie ihnen die Sicherheit eines quasiinstitutionellen Rückhalts und stattet sie mit Befugnissen, Legitimationen und Handlungsressourcen aus: Der einzelne Akteur erreicht den Status eines kompetenten Experten mithin erst vollständig durch seine Einbindung in den institutionellen Zusammenhang.

Dieser Wechselmechanismus ist nicht ohne Bedeutung. Er bildet den qualitativen Rahmen, in dem sich *zwei Professionalisierungsbewegungen* vollziehen: Gefragt sind zunächst weniger die Sanierungsfachleute alter Prägung — also Verwaltungstechnokraten, Juristen, Neubauplaner, Reißbrettarchitekten, Umsetzer etc.; ihre Qualifikationen gelten den Anforderungen „behutsamer Stadterneuerung" hauptsächlich als unangemessen, weil sie sich gegenüber der soziopolitischen Sprengkraft der sanierungspolitischen Krise als inkompetent bzw. unflexibel erweisen. Hinzu kommt, daß sie sich am Resultat und nicht am Prozeß ausrichten, daß sie Detailprobleme kleinteiliger und behutsamer Reparatur nicht erfassen bzw. daß sie improvisierenden Verfahrensweisen und transparenten Entscheidungsstrukturen ablehnend gegenüberstehen. Die Entwertung dieser „alten Experten" markiert einen *Entprofessionalisierungstrend* in dem Sinne, daß *traditionelle Spezialisierungen* hinterfragt werden und ihr realer Gebrauchswert für eine behutsame und sozialorientierte Erneuerungspraxis relativiert wird.

Parallel hierzu läßt sich eine *Reprofessionalisierungsbewegung* ausmachen: Akteure mit *neuen Spezialisierungen* werden in den Erneuerungsprozeß einbezogen bzw. als Kooperanten assoziiert. Hierzu zähle ich Architekten, Planer und Sozialarbeiter mit kritischen und alternativen Konzeptionsvorstellungen; Wissenschaftler mit stadthistorischen, ökologischen, kulturellen, soziografischen und ökonomischen etc.: insgesamt praxisbezogenen Fragestellungen; auch Kulturanimateure und Protagonisten ästhetischer Gestaltungen. Insbesondere aber werden Aktivisten und Schlüsselpersonen aus Bürgerinitiativen, Mieterläden und Selbsthilfegruppen als Mieterberater, Sozialbetreuer, Handwerker etc. in die „behutsame Stadterneuerung" eingebunden.

Wir vermögen jetzt genauer zu erkennen, welchen *Zuwachs an Einflußmöglichkeiten* die Akteure „behutsamer Stadterneuerung" auf die Kreuzberger Sanierung verbuchen können: Der Prozeß der Reprofessionalisierung leitet sowohl die Erweiterung und Umorientierung *fachspezifischer Qualifikationen* ein (z.B. die wissenschaftlich begleitete Entwicklung von Methoden bausubstanzschonender Schadensfeststellung oder von soziokulturell angepaßten Verfahren der Mieterberatung). Er treibt gleichzeitig die *fachübergreifende Verknüpfung* der unterschiedlichen Praxisbereiche unter der Leitlinie von Behutsamkeit und Sozialorientierung voran. Und schließlich macht er das *soziale know-how und Engagement* einer Anzahl „Betroffener" institutionell verfügbar.

Wo hier ein Pferdefuß liegen soll? Es kann doch eigentlich nur vorteilhaft sein, wenn die professionellen Akteure ihr Handwerk verstehen, sich weiterbilden, über den eigenen Kirchturm hinausblicken können und sich die Erfahrungen der „Betroffenen" zunutze machen. Dies alles entspricht doch genau den einschlägigen Forderungen der „Betroffenenseite".

Zweifellos — die „neuen Experten" verfügen gegenüber ihren technokratischen Vorgängern über erhebliche Vorzüge. Dies bestreiten zu wollen, wäre absurd. Nur dürfen wir nicht vergessen, daß wir es weiterhin mit *Experten* zu tun haben, welche innerhalb einer *institutionellen Struktur* funktionieren. Zwar neigen wir leicht dazu, diese Grundbedingung professionellen Handelns zu übersehen: sei es, weil wir mit Akteuren „behutsamer Stadterneuerung" freundschaftlich-kollegial verbunden sind, weil wir ihrer engagierten Praxis Anerkennung und Achtung zollen und wir von ihnen vieles lernen können; oder sei es, weil sie stets als Kritiker administrativer Bevormundung auftreten und sich für die Beseitigung sozialen Unrechts einsetzen; oder wir lassen uns einfach von der magischen Wirkung ihres Ansatzes einfangen, dessen Formel *„machbare Veränderung"* heißt.

Was aber *ist* machbar? Nun, wie wir bereits mehrfach vermerken konnten, betreffen die im Kontext „behutsamer Stadterneuerung" eingeleiteten Veränderungen eine Reihe grundlegender Verbesserungen der Wohn- und Lebensverhältnisse in Kreuzberg 36, den Wandel der Planungsperspektive, die Demokratisierung des gesamten Erneuerungsprozesses usw. usf. — ich glaube verantworten zu können, den Leser nicht mit einer abermaligen Ausführung der Errungenschaften „behutsamer Stadterneuerung" zu langweilen. Hingegen liegt mir daran zu wiederholen, daß *nicht allein der Inhalt* sondern auch besonders *der formale Rahmen mit seinen politischen Implikationen* die Qualität eines gesellschaftlichen Veränderungsprozesses bestimmt. Hieraus folgt, daß wir unsere Aufmerksamkeit auf die Begrenzung des Territoriums und auf die Auswahl der Spielregeln konzentrieren müssen, auf dem bzw. unter denen die Fortschritte „behutsamer Stadterneuerung" erzielt werden.

Unbestritten ist, daß den Akteuren „behutsamer Stadterneuerung" bei ihrer Arbeit ein gewisser *Freiraum* zur Verfügung steht, der aus einem nur historisch bestimmbaren politischen Kräfteverhältnis erwächst. Er bildet eine unverzichtbare Voraussetzung dafür, daß sie soziales und emotionales Engagement, Phantasie, Innovationsimpulse und vertrauensbildende Überzeugungskraft in den Kreuzberger Entwicklungsprozeß einbringen. Fest steht aber auch, daß sie — und zwar von Anfang an — *vom Boden institutioneller Problemdefinitionen, Aufgabenstellungen und Verfahrensweisen aus agieren.* Nicht, daß sie diesen Boden nicht verlassen dürften; im Gegenteil: sie *sollen* das Einflußgebiet erweitern, hinderliche Begrenzungen überwinden und eingefahrene Wege verlassen; sie erstreiten sogar zeitweilig die Erlaubnis, die gesellschaftliche Landschaft etwas umzuordnen. Aber, und dies ist das Entscheidende, *auch als Pioniere* bleiben sie dem herrschenden Territorialgesetz verhaftet.

Nun verleitet der Begriff *Gesetz* leicht dazu, einer falschen Fährte zu folgen: Ich argumentiere hier nicht nur in dem eingeschränkten Sinne, daß die Akteure „behutsamer Stadterneuerung" an *äußere Rechtsverhältnisse* — etwa das Städtebauförderungsgesetz, die Landeshaushaltsordnung, das Berliner Baurecht und die Beschlüsse des Abgeordnetenhauses — gebunden sind. Für weitaus wichtiger halte ich ein allgemeineres, als selbstverständlich geltendes *Strukturprinzip,* innerhalb dessen sich die Akteure „behutsamer Stadterneuerung" bewegen: Sie beschränken sich darauf, Defizite, Fehler und Ungerechtigkeiten bürokratischer Verfahrensweisen herauszuarbeiten und sie durch *bessere Interventionen* zu ersetzen. Damit bewirken sie zweifellos einen gewaltigen Fortschritt. Indem sie aber die sozialpolitischen Leistungen des Staates erweitern, befördern sie gleichzeitig den Ausbau institutioneller Regelungsmöglichkeiten — sie transformieren das zu lösende Problem in die institutionelle Logik der Bürokratie.

Wahrscheinlich ist es überflüssig, nochmals zu betonen, daß ich die Akteure „behutsamer Stadterneuerung" keineswegs irgendwelcher verwerflicher Machenschaften bezichtige; auch liegt mir nichts ferner, als politische Veränderungen aus den biografischen Zufälligkeiten (wenn es solche gibt) von einzelnen Persönlichkeiten zu erklären. Mir geht es schlicht darum, daß *ein* wesentlicher Schlüssel zum Verständnis dessen, wie im Prozeß „behutsamer Stadterneuerung" *Macht entsteht und sich reproduziert,* in der Verstrickung der beteiligten Akteure im Netz herrschender Problemdefinitionen, professioneller Konventionen und institutionell relevanter Handlungsmuster zu sehen ist: Nicht als Handlanger oder Agenten sondern als Subjekte (im ursprünglichen Wortsinn: den herrschenden Strukturen *Unter-worfene)* mit durchaus eigenen Lebensentwürfen und Interessen.

Wenn ich so sagen darf, bildet dieser Subjektivierungsprozeß eine Art „Enthärtungssubstanz" heraus, die gesellschaftliche Machtstrukturen verflüssigt, sie anpassungsfähig, geschmeidig und unauffällig macht und ihnen zur Eigenschaft verhilft, auch in feine Poren des Gesellschaftskörpers einzudringen. Weil innovatives know-how und Engagement sich nicht nur äußerlich auf das hergebrachte professionelle Selbstverständnis klebt sondern es von innen her umwälzt und erneuert, kreiert es neue Techniken sozialer, politischer, kultureller aber auch baulich-planerischer Interventionen: Es liegt im Wesen der Sozialorientierung „behutsamer Stadterneuerung", daß jegliche Berufspraxis (auch im sogenannten „harten“ Sektor der Ingenieurstätigkeit: z.B. Bausubstanzuntersuchungen, Kostenschätzungen, Abdichtung von Naßzellen in Altbauten) nun von einem sozialen und kulturellen Diskurs durchzogen wird und — hauptsächlich oder am Rande — Beziehungsarbeit leistet.

Wohlgemerkt: Ob Beziehungsarbeit, Kooperation mit „Betroffenen“ oder sonstige soziale Hilfestellung — die Interventionen tragen weiterhin technischen Charakter; zwar sind es „bessere“ Techniken: jedoch in der *Doppelbedeutung,* daß sie gleichzeitig die Versorgung der „Betroffenen“ mit materiellen und sozialen Leistungen sowie administrative Steuerungs- und Kontrollmöglichkeiten optimieren. Mehr noch: Die Reichweite der „neuen“ Techniken steckt das Feld ab, auf dem Veränderungen aus institutioneller Perspektive möglich, weil im Rahmen begrenzter Konflikte manipulierbar sind; in diesem Terrain läßt sich *Konsens* über umstrittene Fragen *herstellen.*

Dieser Sachverhalt bleibt den Akteuren „behutsamer Stadterneuerung“ durchaus nicht verborgen: Sie werfen die ihnen erwachsene Machtposition in die Diskussion, wenn ihre Befugnisse, ihre Organisationsstrukturen und ihre integrative Fähigkeit durch staatliche Eingriffe gefährdet scheinen. Sie weisen deutlich darauf hin, daß sie —auch um der Erhaltung des sozialen Friedens willen — *objektiv wichtige Funktionen* erfüllen. Zuweilen scheinen sie dabei einem eifrigen Schüler zu ähneln, der sich zu unrecht vom Lehrer getadelt fühlt.

Internationale Bauausstellung Berlin

Senator für Bau- und Wohnungswesen
Herrn Klaus Franke
Württembergische Str. 6/10

1000 Berlin 31

31.08.1983

Betr. Nachfolge für die Bauausstellung Berlin GmbH

Sehr geehrter Herr Senator,

als Berater des Senators und als der für das Konzept der „behutsamen Stadterneuerung" und für die Leitung der Planung im Bereich Stadterneuerung Verantwortliche, bin ich verpflichtet, Ihnen aufzuzeigen, daß der im Rahmen der Arbeit der Bauausstellung Berlin GmbH in aller Stille mühsam erarbeitete und gerade deshalb weltweit anerkannte Heilungsprozeß im Erneuerungsgebiet der IBA im hohen Maße gefährdet ist, wenn die bisher vorliegenden Nachfolge-Modelle verwirklicht werden.
(...)
Es wird immer wieder betont, daß die „behutsame Stadterneuerung" sozial orientiert ist und der Versorgung mit bezahlbaren Wohnungen dient.
Ich möchte hier noch einmal darauf hinweisen, daß darüber hinaus die „behutsame Stadterneuerung" ein Sparprogramm *für die Öffentliche Hand ist:*
(...)
Die „behutsame" Stadterneuerung ist ein Beschleunigungsprogramm:
(...)
Die „behutsame Erneuerung" schafft Arbeitsplätze *im Gebiet:*
(...)
Zu diesem Konzept gehört die behutsame Einfügung von Infrastrukturmaßnahmen *(34 Projekte): Darunter 1.209 Kindertagesplätze und 1.500 Schulplätze, die zurzeit mit Nachdruck bearbeitet werden (60% bereits ausführungsreif abgestimmt).*
Die Mitwirkungsbereitschaft der Betroffenen *ist enorm, sie wird insbesondere getragen von der Notwendigkeit und dem Wunsch zu* bleiben.
Das Konzept ist keine Utopie:
So sind 1983 1.464 Wohnungen im Gebiet Kottbusser Tor im Programm!
sowie 800 Wohnungen im Strategiengebiet Schlesisches Tor!
Aber:
Die bisher vorliegenden Konzepte für die Fortführung der Arbeit unserer Gesellschaft nach dem 31.07.1984 würden bei Vollzug das Ziel der „behutsamen Stadterneuerung" akut gefährden, weil alle Modelle das kooperative „Planen und zur Diskussion stellen" überhaupt nicht lösen!

Die Effektivität *der Arbeit wird im Rahmen des Auflösungsprozesses erheblich reduziert.*
Das in vierjähriger intensiver Arbeit aufgebaute Netz der im Gebiet vertrauten Mitarbeiter *zu gefährden, hieße Schlüsselfunktionen für die „behutsame Stadterneuerung" aufgeben.*
(...)
Aufgrund meiner fachlichen, praktischen Erfahrung und wissenschaftlichen Kenntnis sowie aus meiner Kenntnis der sehr spezifischen Situation in den von uns betreuten Gebieten und aufgrund meiner Einbindung in das Übermaß der Tagesarbeit für die „Rettung der kaputten Stadt" (siehe Senatsvorlage Drucksache 7/1352) bitte ich, im wohlverstandenen Interesse Berlins nochmals zu überdenken, daß die nach eingehender Untersuchung festgestellten großen Nachteile aus der bisher vorgesehenen Auflösung der Bauausstellung Berlin GmbH zu vermeiden sind.
(...)
Ich verkenne nicht die durch die Beschlußlage bestehenden Schwierigkeiten, die obendargelegten Erkenntnisse in politische Beschlüsse umzusetzen. Bin jedoch der Meinung, daß angesichts der andernfalls drohenden Mißbelligkeiten und vorprogrammierten Mißerfolge keine Mühe gescheut werden darf, Lösungen auch dafür zu finden.
Ich bitte, mir Gelegenheit zu einer gemeinsamen Besprechung zu geben, auf der neben den Gesichtspunkten der Geschäftsführung auch die spezifischen Belange der Stadterneuerung erörtert werden sollen, um mit Ihnen die Lösungsmöglichkeiten nochmals zu überdenken.
Mit freundlichen Grüßen
Hämer

(Auszug aus einem von der IBA öffentlich gemachten Brief)

Ich bin weit davon entfernt, mich über solche Aussagen lustig zu machen, etwa weil sie die Abhängigkeit „behutsamer Stadterneuerung" von den Wechselbädern staatlicher Politik illustrierten. Denn der erste Eindruck täuscht: Nicht ein getadelter Schüler meldet sich hier zu Wort sondern ein kompetenter Experte, der aus Überzeugung die Unvernunft drohender staatlicher Entscheidungen kritisiert; nicht beteuernde Rechtfertigung ist der Haupt-Tenor sondern *sachverständige Mahnung.*

So stark solche Auseinandersetzungen einzelne Fortschritte „behutsamer Stadterneuerung“ auch bedrohen mögen, ein *politischer Gewinner steht von vornherein fest: der kompetente Experte. Er befindet sich in der privilegierten Stellung, sich als Schlüsselfigur* der Kreuzberger Entwicklung ausgeben zu können — in Bezug auf die Authentizität seiner Problemwahrnehmung, die Motivationskraft seines persönlichen Auftretens und die Wirksamkeit seiner Techniken. Bei aller Parteilichkeit umgibt ihn stets die Aura wissenschaftlicher Rationalität; für seine Praxis existiert innerhalb institutioneller Handlungssysteme offenbar derzeit keine praktikable Alternative: Er kann sich in der Doppelrolle des Motors sozialer Veränderung und des Moderators einer technisch-beherrschbaren Entwicklung feiern lassen.

Dritter Teil:
Ein Modell der schönen neuen Stadt

Retten ist gut — Vorbeugen besser

Suchen wir doch einmal nach Bildern, mit denen die Akteure „behutsamer Stadterneuerung" ihr Handlungsfeld Kreuzberg 36 kennzeichnen: Da fällt sogleich der offizielle Auftrag ein, der da *„kaputte Stadt retten"* lautet. Da ist weiter die Rede von *ungesunder* Sozialstruktur, der Häufung sozialer *Problemgruppen* und einem instabilen politischen Klima, das die Nährlösung *irrationaler Verhaltensweisen* bilde. In Bezug auf Einrichtungen der sozialen Infrastruktur bestehe eine *defizitäre* Versorgung. Die Mehrzahl der Gebäude gelten als *heruntergekommen,* vom endgültigen Verfall bedroht. Die Wohnverhältnisse werden als *rückständig,* mancherorts gar als *verwahrlost* eingestuft. Und schließlich genieße das Gebiet in der Öffentlichkeit *keinen guten Ruf.* Kreuzberg 36 — ein Viertel, das „umzukippen", ein *Slum* zu werden droht.

Sicher ist es kein Zufall, daß Kreuzberg 36 mit Begriffen charakterisiert wird, die dem Umkreis medizinischer Sozialfürsorge entstammen: Sie drängen sich als umgangssprachliche Beschreibungen angesichts der prekären Ausgangssituation in Kreuzberg 36 auch geradezu auf.

Nun führt uns unsere Alltagssprache bekanntlich nicht selten hinters Licht. In aller Selbstverständlichkeit als treffende Beschreibungen benutzte Ausdrücke entpuppen sich bei einigem Nachdenken als Transporteure von Wertungen. Man soll diesen Mechanismus nicht unterschätzen; gerade die Verwendung medizinischen Vokabulars fügt die anscheinend nur beschriebenen Fakten in eine sehr *spezifische Ordnung* ein: Wer unter einer Krankheit leidet, ist vom Schicksal geschlagen; er ist arm dran, ihm muß geholfen werden. Hierfür braucht es Spezialisten, die aufgrund ihres Wissens Art und Ausmaß des Leidens zu erkennen und Heilungsprozesse einzuleiten vermögen. Ähnlich verhält es sich mit sozialfürsorgerischen Termini; vielleicht nur mit dem Unterschied, daß der von Milieuschädigungen „Betroffene“ nie ganz schuldlos an seiner Lage sei: Er wird sich vom Stigma der Faulheit, Dummheit, Antriebslosigkeit, Unverantwortlichkeit oder schlicht Asozialität aus eigener Anstrengung kaum vollständig befreien können.

Wie wir sehen, steckt in dieser Art „Beschreibung“ bereits ein beachtliches Maß an *Definitionsmacht*. Damit meine ich nicht nur, daß eine spezifische Rollenverteilung zwischen professionellen Experten und sogenannten Betroffenen vorgenommen wird. Darüberhinaus verfestigt sich eine bestimmte Vorstellung über das Wesen des Problems, das es anzugehen gilt: Die medizinisch-sozialfürsorgerischen Begriffe suggerieren, das Problem als eine *Eigenschaft der „Betroffenen“ bzw. des Stadtteils* und der dort eingewurzelten Strukturen zu begreifen.

Ich will mich gern beeilen, zur Ehrenrettung der Akteure „behutsamer Stadterneuerung“ zu versichern, daß sie diese Sichtweise nicht erfunden, sondern bloß modifiziert übernommen haben. In gewissem Sinne werden sie dazu sogar gezwungen: Ein zentraler Mechanismus des Umgangs staatlicher Bürokratie mit gesellschaftlich produzierten Problemen besteht nämlich darin, diese von ihren *Verursachungszusammenhängen abzukoppeln, zu segmentieren und zu privatisieren.* Sie erscheinen nun als persönliche Eigenschaften, Defizite oder Störungen, die in den Zuständigkeitsbereich verschiedener Spezialisten fallen und mit einem wissenschaftlich-professionellen Instrumentarium behandelt werden können. Die Interventionen therapieren somit bloß die Symptome bzw. bestenfalls einen gewissen persönlichen Anteil des jeweiligen gesellschaftlichen Problemzusammenhangs. Ihr Wirkungsgrad reicht von individuellen Verhaltenskorrekturen über die Abmilderung „sozialer Härten“, die Vermittlung in verschiedensten Konflikten bis zur Ausgrenzung von integrationsunwilligen und anpassungsunfähigen „Klienten“.

Es ließe sich einwenden, daß solche bürokratischen Interventionen — sogar in ihren „harten“ Ausprägungen der Inhaftierung und Psychiatrisierung — immer *auch Hilfeleistungen* verkörpern. Mehr noch: Sie markierten unverzichtbare Aufgaben des Sozialstaates, weil sie als *gesetzlich garantierte Verpflichtungen* wenigstens das Recht auf ein Mindestmaß an materieller Sicherung, sozialer Versorgung, psychischer Beratung etc. sowie an Schutz vor willkürlicher Behandlung begründen. Daher gälte es, Inhalte und Formen sozialstaatlicher Tätigkeit dahingehend zu verändern, daß sie sich einer *aktiven Mit-*

wirkung seitens der „Betroffenen" öffnen; daß *demokratische Verfahren* verkrustete und undurchschaubare Bürokratisierungen ablösen; und daß schließlich *gesellschaftliche Strukturen als Ursachen kollektiver Problemlagen* Anerkennung finden.

Zugegebenermaßen wäre es mehr als ungerecht, wollte ich den Akteuren „behutsamer Stadterneuerung" absprechen, daß sie mit aller Energie an der Ausweitung und Reformierung sozialstaatlicher Leistungen arbeiten. Es sieht eher so aus, als agierten sie *notgedrungen* unter der ideologischen Decke staatlicher Problemdefinitionen; de facto trachteten sie jedoch danach, quasi *von innen her* die Vorteile sozialstaatlicher Garantien auszunutzen und gleichzeitig bürokratische Mechanismen der Individualisierung und Bevormundung abzubauen.

In der Tat entspricht dieser Eindruck exakt den Interpretationen, die Akteure „behutsamer Stadterneuerung" in internen Diskussionen von ihrer Arbeit geben. Zwar räumen sie dabei zuweilen „selbstkritisch" ein, daß sie sich häufig zu Kompromissen gezwungen fühlen: Denn sie unterlägen kaum veränderbaren gesetzlichen Regelungen; sie hätten die Begrenzung finanzieller Ressourcen zu akzeptieren; sie seien den Umschwüngen des politischen Klimas und den Auswirkungen personeller Änderungen innerhalb des Senats unterworfen etc. Daher vermöchten sie, wenn auch nicht immer die beste Lösung eines Problems, so doch wenigstens die zweit- oder drittbeste durchzusetzen.

Immerhin, könnte man sagen, *in der Politik soll man das Unmögliche wollen und das Realistische erreichen.* Und mit dieser Aussage hätten wir die Konfliktpositionen bis auf weiteres *„besetzt":* Hier die engagierten und illusionslosen Reformer, auf der anderen Seite das wenig flexible und nur durch zähe Anstrengungen veränderbare bürokratische System. Wechseln wir jedoch unseren Bezugsrahmen, dann erscheint die soeben skizzierte Alternative in einem völlig anderen Licht.

Wer sagt uns denn, daß zwischen den Interventionen „behutsamer Stadterneuerung" bzw. bürokratischer Sozialpolitik tatsächlich ein *„entweder-oder"* steht? Könnte es nicht ebensogut heißen *„sowohl-als-auch"?* Was verleitet uns denn zu der Annahme, daß bürokratische Selektions-, Kontroll- und Ausgrenzungstechniken der Reformpraxis „behutsamer Stadterneuerung" nicht ebenfalls innewohnen? Was überzeugt uns eigentlich davon, daß die „neuen Experten" der Ideologie medizinisch- sozialfürsorgerischer Begrifflichkeit nicht doch aufsitzen oder gar bewußt anhängen? Offen gesagt wenig, finde ich — außer daß wir vielleicht angesichts der Errungenschaften „behutsamer Stadterneuerung" gegenüber traditioneller Sanierungspolitik *quasi automatisch* auf eine signifikante politische Differenz *schließen;* daß wir also einen relativen Fortschritt als fundamentale Erneuerung *deuten.*

Wie gesagt kommt es auf das Bezugssystem an, aus dem wir die Reformpraxis „behutsamer Stadterneuerung" bewerten. Ich schlage vor, die „behutsame Stadterneuerung" im Zusammenhang *moderner sozialpolitischer Entwicklungen* zu diskutieren. Diese Perspektive relativiert den erreichten Fortschritt, indem sie den tatsächlich vollzogenen *sanierungspolitischen Bruch* als Teil einer *sozialpolitischen Kontinuität* begreift: „Behutsame Stadterneuerung" ist innerhalb des Systems administrativer Herrschaftsausübung als Ablösung bzw. genauer: als Ergänzung des traditionellen *Reparaturschemas* durch eine spezielle *Präventionspraxis* zu verorten — „behutsame Stadterneuerung" als administrativer Reformprozeß.

Was ich damit meine? Befassen wir uns noch für einen Moment mit einigen Formulierungen, mit denen die Akteure „behutsamer Stadterneuerung" ihre Funktion in Kreuzberg 36 umreißen: Die allgemeine Aufgabe „kaputte Stadt retten" kennen wir bereits. Zu diesem Zweck sollen die sozialen Selbstheilungskräfte aktiviert werden; in diesem Prozeß betrachten sich die professionellen Experten als *Fermente:* Sie versuchen, Bewohnerinitiativen und Selbsthilfegruppen zu stabilisieren und zu unterstützen; sie diskutieren über den Aufbau einer flächendeckenden Gemeinwesenarbeit, um auch bislang passive und resignierte Bevölkerungsteile zu mobilisieren. — Darüberhinaus sind sie bestrebt, eine Reihe von Voraussetzungen zu schaffen, unter denen sich soziale Prozesse und Potentiale entfalten können: Sie verhindern etwa den weiteren Verfall des Gebiets, betreiben den Ausbau von Einrichtungen der sozialen Infrastruktur und bemühen sich, die Auswirkungen übergreifender Politiken (z.B. Ausländerpolitik, Mietenpolitik, Sparpolitik) abzuschwächen sowie soziale Entwicklungsräume von „harten" Staatsinterventionen (z.B. polizeilichen Übergriffen) freizuhalten.

Es fällt auf, daß die hier angesprochene Praxis weit über ein orthodoxes Verständnis von Heilen und Retten hinausweist. Es geht nicht einfach nur um die *Wiederherstellung eines alten Zustandes:* um die Zurückgewinnung und Bewahrung traditioneller Milieuformen oder die Restauration verfallener städtebaulicher Schmuckstücke. Zwar umgeben sich manche Akteure „behutsamer Stadterneuerung" gern mit dem gewiß modischen Flair des verantwortungsbewußten Kenners früherer, heute meist vergessener sozialkultureller Qualitäten der Kreuzberger Architektur und des Förderers historischer Denkmalspflege; de facto hat sich ihre Praxis längst von der Leitkraft solcher ideologischen Figuren emanzipiert — vielleicht wissen sie das bloß noch nicht.

Was tatsächlich auf der Tagesordnung steht, ist eine tiefgreifende *soziale und politische Umstrukturierung* Kreuzbergs 36. Hierfür mag sich heute allerdings ein Rückgriff auf den vorhandenen *sozialräumlichen Bestand* und bereits vorschnell als anachronistisch eingestufte *sozialkulturelle Formationen* besonders eignen: Man kann so dem Gebot restriktiver Haushaltspolitik in den Sektoren Bau- und Sozialwesen Rechnung tragen; und zwar, weil die Instandsetzung von Gebäuden — zumindest kurzfristig — billiger kommt als aufwendige Modernisierungs- und Neubauprogramme; weil ferner weite Teile der marginalisierten Kreuzberger Bevölkerung zur Sicherung ihrer Existenz ohnehin auf traditionelle Formen der *„moralischen Ökonomie"* (z.B. nachbarschaftliche Solidarität, Selbsthilfe, Familienwirtschaft, Arbeitsbeschaffung in eigener Regie; aber auch halblegale „Beschaffungsaktionen", Schwarzmarkt- und Tauschgeschäfte, aus Abfall Neues basteln) angewiesen sind. Schließlich paßt die Ideologie der Bestandserhaltung auch bestens in den aktuellen fortschrittlich-alternativen Diskurs.

Nun läßt sich allerdings unschwer belegen, daß das Gerede von baulicher Bestandssicherung und sozialer Stabilisierung eine bloß *technisch* als behutsam und kleinteilig verstandene Erhaltungspraxis begleitet: Denn der jeweilige Reparaturfall wird nicht als eigenständige Bezugsgröße sondern nur als *Anwendungsfall einer allgemeineren Strategie* behandelt. Zwar finden ungewöhnliche Problemlagen auch besondere Berücksichtigung; jedoch nur insoweit, wie sie sich dem übergreifenden Planungsschema einpassen lassen.

Was kennzeichnet nun diese allgemeinere Strategie? Und inwieweit wirkt sie präventiv? Zunächst können wir festhalten, daß die Praxis „behutsamer Stadterneuerung" nicht darauf beschränkt bleibt, in erster Linie *einzelne* städtebauliche Schäden, soziale Defizite, politische Reibungsflächen und sanierungsbedingte Negativfolgen zu beheben. Wo immer möglich, suchen die Akteure „behutsamer Stadterneuerung" Störungen des Sanierungsablaufes, unzumutbare Belastungen für die „Betroffenen", soziale Konflikte etc. zu *vermei-*

den, anstatt sich im nachhinein mit krisenhaften Zuspitzungen einzelner Probleme konfrontieren zu müssen. Dieser Ansatz vollzieht einen Umschwung *vom pathologischen Fall zur pathogenen Situation:* Denn nun wendet sich das Interesse der professionellen Experten von einzelnen, als krank bewerteten baulichen Gegebenheiten und Sozialformen auf die *soziopolitischen Verhältnisse,* die im Krisengebiet Kreuzberg 36 das Entstehen von Problemen verursachen — der gesamte Stadtteil wird als pathologisches bzw. pathogenes Phänomen behandelt.

„Kaputte Stadt retten" bedeutet also den Versuch, die Gesamtheit der sozialräumlichen, soziokulturellen und politischen Strukturen Kreuzbergs 36 dem Wirkungsbereich professioneller und administrativer Interventionstechniken einzuverleiben: „Behutsame Stadterneuerung" als sanierungspolitische Trendverschiebung von streng einzelfallbezogenen, symptomorientierten und segmentierenden Reparaturleistungen hin zur *präventiven Soziotherapie.* Dies ist der politische Kern des vielgelobten ganzheitlichen Vorgehens „behutsamer Stadterneuerung".

Dieses Arbeitskonzept verbindet „behutsame Stadterneuerung" unter *allgemeinen* Gesichtspunkten mit vorausgegangenen Sanierungsverfahren: Es besteht das gemeinsame Bestreben, etwa auf den Standard und die Quantität die Wohnungsversorgung, den Prozeß der Entwicklung und Formierung sozialer Milieus, die Reaktionen der jeweiligen „Betroffenen", die Abmilderung entstehender sozialer und finanzieller Härten etc. so früh wie möglich maßgeblichen Einfluß zu nehmen. Insofern verliefen bereits frühere Stadtentwicklungsstrategien im Sinne einer präventiven Sozialpolitik: Sie zielten auf soziale Umstrukturierungen, bewirkten Anpassungen an die sogenannte „Modernität urbanen Lebens", bemühten sich um die Herstellung von politischem Konsens.

Die qualitative Neuerung — wenn man so will: *der Fortschritt* — „behutsamer Stadterneuerung" besteht darin, *nicht von außen* zu intervenieren, sondern die technischen Eingriffe *aus dem Sozialkörper selbst* heraus zu begründen und dem dort herrschenden Problembewußtsein und den akzeptierten Verkehrsformen anzugleichen. Um in einer Analogie zu sprechen: „Behutsame Stadterneuerung" markiert den Übergang von einer *formellen* zu einer *reellen Subsumtion* Kreuzbergs 36 unter administrative Präventionspolitik.

Wir müssen uns wohl oder übel mit der desillusionierenden Feststellung anfreunden, daß die Mehrzahl der Reformerrungenschaften

„behutsamer Stadterneuerung" sich auch als Belege für die erfolgreiche Ausweitung administrativer Interventionsräume begreifen lassen. Dies gilt insbesondere für die Etablierung der vermeintlich genuin „linken" Erkenntnis, daß die in Kreuzberg 36 massiv zutage tretenden Probleme gesellschaftlicher Natur sind. Selbstverständlich sind sie das! Und eben deshalb lassen sie sich aus herrschender Perspektive am günstigsten dadurch entschärfen, daß sie in ihrem sozialen Entstehungszusammenhang (im „Hier und Jetzt") therapiert werden — und nicht erst dann, wenn sie unkontrolliert, womöglich zur unpassenden Zeit und an parteipolitisch bzw. wahltaktisch unangenehmer Stelle aufbrechen. Daß zum Beispiel der Berliner SPD-Senat 1980/81 unter anderem über seine Unfähigkeit stürzen mußte, die damals anstehenden sanierungs- und wohnungspolitischen Schwierigkeiten rechtzeitig und realistisch einzuschätzen und durch präventive Kriseninterventionen zumindest einzudämmen, darf keinesfalls als notwendiges und prinzipielles Versagen staatlicher Gesellschaftsplanung mißinterpretiert werden: Bereits parallel zum Scheitern der alten sanierungspolitischen Steuerungsinstrumente begann die Erprobung und Konsolidierung neuer, den veränderten Ausgangsbedingungen angepaßter Planungstechniken. Von ihrer Wirkung konnte die SPD jedoch nicht mehr profitieren. Es erscheint daher als politisch naiv, die selbstgefällige Auffassung zu kultivieren, es bestände die Chance — wie dumm oder „einsichtig" der jeweils zuständige Senator auch sein mag — ein vermeintliches politisches Vakuum zu nutzen und emanzipative Inhalte auf dem Wege administrativer Interventionen zu transportieren.

Das Kernproblem „behutsamer Stadterneuerung" besteht nämlich darin, daß die administrative Veränderung der soziopolitischen Verhältnisse in Kreuzberg 36 eine *quantitative Ausdehnung* und eine *qualitative Verfeinerung staatlicher Planungsinstrumentarien* erfordert: In der Tat vermag sich heute niemand und nichts dem Planungsauftrag „behutsamer Stadterneuerung" und dem Planungseifer ihrer Akteure zu entziehen. Weil es nicht allein um die Behebung von Störungen und Schäden sondern vor allem um deren Vermeidung geht; weil nicht nur die Abwehr negativer Einflüsse sondern besonders auch die Förderung von Selbstheilungskräften auf dem Programm steht; und weil in diesen Prozessen dringend die Kooperation mit aktiven und „gesunden" Bevölkerungspotentialen benötigt wird, unterwirft „behutsame Stadterneuerung" den gesamten Sozialkörper einer Art *Zwangsbehandlung*. Das präventive Handlungsmodell durchbricht die — sicherlich ohnehin fragwürdigen — Grenzlinien zwischen „Sozialfällen", d.h. den traditionellen Klienten staatlicher Fürsorgeleistungen, den kulturell abweichenden, sozial unangepaßten oder auch politisch oppositionellen Gruppierungen sowie sogenannten Normalbürgern: Sie alle werden zu „Betroffenen" und damit ein Stück weit aus der Verantwortung für ihre Situation entlassen.

Nun wäre es zweifellos eine Verkürzung, diesen Vorgang einfach einen *sozialen Enteignungsprozeß* zu nennen: Immerhin tauscht sich der Verlust an sozialer Integrität gegen einen Zuwachs an staatlichen Leistungen ein; immerhin eröffnen sich weitreichende Möglichkeiten der Partizipation; und immerhin bemühen sich die Akteure „behutsamer Stadterneuerung" um eine Verbesserung der Wohn- und Lebensverhältnisse in Kreuzberg.

Doch gerade diese Doppeldeutigkeit „behutsamer Stadterneuerung" verhilft ihr zum Prädikat eines Planungsmodells für eine *schöne neue Stadt:* eines Modells, das im Namen des sozialen Fortschritts die Abhängigkeit der „Betroffenen" von der professionellen Kompetenz der Experten beträchtlich steigert; eines Modells, das die Ausweitung administrativer Instrumentarien der Gesellschaftsplanung und Kontrolle im sozialen Prozeß selbst verankert; eines Modells schließlich, das die Unterwerfung des gesamten Sozialkörpers unter das staatliche Präventionsschema noch glaubhaft als unmittelbares Interesse der „Betroffenen" ausgeben kann.

Macht Kultur krank?

Die kulturelle Anziehungskraft des Kreuzberger Lebens und die Vielfalt immer neuer subkultureller Produktionen lassen die im vorhergehenden Kapitel aufgestellten Behauptungen absurd erscheinen: Diese unverwechselbaren Eigenheiten Kreuzbergs 36 sperren sich, in das düstere Bild präventiver Zwangsbehandlung, sozialer Enteignung, administrativer Kontrolle und allgemeiner Pathologie eingepaßt zu werden. Trifft nicht eher im Gegenteil zu, daß die Akteure „behutsamer Stadterneuerung" alles daran setzen, die verschiedensten kulturellen Aktivitäten zu fördern und die unterschiedlichen Bevölkerungsgruppen entsprechend ihrer sozialen und kulturellen Besonderheiten zu behandeln? Stellen die professionellen Experten nicht gerade die Subjektivität der „Betroffenen" in den Mittelpunkt ihrer Arbeit?

Nun dürfte ich keine besonders aufregende Neuigkeit verbreiten, wenn ich darauf hinweise, daß das Akzeptieren kultureller und sozialer Besonderheiten durchaus nicht die Ausübung von Macht ausschließt. In gewissem Sinne bildet eine aktive und aufrichtig gemeinte soziokulturelle Toleranz sogar eine notwendige Voraussetzung für die Etablierung und Aufrechterhaltung subtiler Herrschaftsstrukturen: Auf diese Weise läßt sich Vertrauen, Wohlbefinden, Selbstbewußtsein und Mitwirkungsbereitschaft seitens der „Betroffenen" erzielen.

Veranschaulichen wir uns diesen Mechanismus mit einigen Beispielen; die Disziplinen Pädagogik, Psychiatrie oder auch Ethnologie bieten hierfür ein schier unerschöpfliches Reservoir. — Vergegenwärtigen wir uns zunächst einige Merkmale der *Erziehung von Kindern:* Jedes pädagogische Wirken — gleichgültig ob bewußt oder unbewußt — verfolgt die Absicht, das Kind in das es umgebende Sozialgefüge einzugliedern und auf künftige gesellschaftliche Rollen vorzubereiten. Sollen die erforderlichen Lernprozesse erfolgreich

verlaufen, so müssen der spezifische Entwicklungsstand, die besonderen Fähigkeiten und Schwächen, die jeweiligen Vorlieben und Abneigungen, die unterschiedlichen Stimmungslagen, die emotionalen Bedürfnisse und vieles mehr berücksichtigt werden. Die Vernachlässigung solcher subjektiven Eigenheiten des Kindes rächt sich — jeder kennt die unausbleiblichen Quängeleien und nervenzehrenden Trotzreaktionen, jeder weiß um die Gefahr ernster psychosomatischer Erkrankungen, affektiver, intellektueller und sozialer Entwicklungsstörungen etc. Und jeder, der mit Kindern zu tun hat, verfügt über ein ganzes Repertoire von Verhaltenssets und pädagogischen „Tricks", bestimmte Absichten so durchzusetzen, daß das Kind aus eigenem Antrieb, ja sogar aus Spaß an der Sache zu handeln vermeint. Solche Steuerungsmechanismen funktionieren in der Regel dann am reibungslosesten, wenn sie auf einer vertrauensvollen, wenig angstbeladenen *Beziehung* zwischen Kind und Erziehungsperson gründen:
Die *erzieherische Gewalt* braucht sich nicht in Form von Verboten, Befehlen und Strafandrohungen auszudrücken.

Wesentlich offener zutage tritt die Existenz eines Gewaltverhältnisses im Wirkungsbereich *psychiatrischer Interventionen:* Hier wird der „Betroffene" zum Teil entmündigenden Behandlungen unterworfen, sozial isoliert oder gar in besondere Institutionen eingesperrt. Und doch gelten diese Maßnahmen — zumindest dem Selbstverständnis nach — auch als notwendige Voraussetzungen zur Anwendung spezifischer medizinisch-therapeutischer Hilfeleistungen und zum Schutz des betreffenden Individuums. Auch hier begegnen wir also der Begründung *gewaltsamer Eingriffe* mit dem wohlverstandenen Interesse des Patienten; dem Vorwurf der *Willkürlichkeit* und der zweifelhaften Resultate mancher Praktiken steht ein ganzes System *wissenschaftlich* fundierter Erfahrungen, Begründungen und Prinzipien gegenüber. Psychiatrische Interventionen lassen sich aber insbesondere dann am besten legitimieren, wenn sie in Übereinstimmung mit dem Patienten erfolgen: Dem Arzt erwachsen günstige Handlungsbedingungen, wenn er sich auf die individuell besondere Problematik einläßt und er so in der Atmosphäre vertrauensvoller Zusammenarbeit eine *Beziehung* herstellen kann. Solche — aus einer Zwangslage oder „freiwillig" — entstandenen Dienstleistungsbeziehungen verdecken jedoch nur oberflächlich die sie regierende professionelle Definitionsmacht und die determinierende Wirkung institutioneller Strukturen.

Noch deutlicher läßt sich die politische Dimension des Umgangs mit fremdartigen, noch nicht sozial ausdifferenzierten, als nicht „normal" geltenden bzw. unverständlichen Verhaltensweisen und Kulturformen aus der *ethnologischen Diskussion* herauslesen. Hier drehen sich zahllose Auseinandersetzungen um die Frage, wie andersartige Kulturformen zu verstehen und zu bewerten sind. Konkret: Ob sie, von der Warte der eigenen Kultur und Zivilisation betrachtet, eine primitive Vorstufe, ein früheres Entwicklungsstadium darstellen oder aber als Gesellschaftsformationen mit zwar anderen, jedoch eigenen Regeln, Bedeutungssystemen, Strukturen, Verhaltensmustern und Entwicklungsperspektiven gelten müssen. Ich möchte besonders auf den politischen Kontext dieser Kontroverse hinweisen: Die erste („eurozentristische") Position formuliert ausdrücklich eine „missionarische" Aufgabe und diente so als ideale Rechtfertigung für rücksichtslose kolonialistische Ausbeutung und Unterdrückung; sie verkündete die Überwindung von Unterentwicklung und Elend durch technischen Fortschritt und versprach, die „Wilden" durch Teilhabe an den Segnungen abendländischer Kultur zu „richtigen Menschen" zu machen. — Die zweite („kulturrelativistische") Position bereitete den ideologischen Weg für eine Art „aufgeklärten Kolonialismus": anderen Kulturen wird durchaus eine gewisse Gleichrangigkeit zugebilligt; man bemüht sich um *„partnerschaftliche" Beziehungen.* Jedoch bedeutet der Verzicht auf direkte und gewaltsame Strategien der Unterwerfung und Kulturzerstörung keinesfalls ein Verschwinden politischer Macht aus dem interkulturellen Verhältnis: Herrschaft bindet sich nun an die Inhalte und Strukturen „frei" vereinbarter Wirtschaftsbeziehungen, Entwicklungshilfeabkommen, kultureller Austauschprogramme etc.

Wir sehen: ein gewisses Mißtrauen gegenüber der soziokulturellen Praxis „behutsamer Stadterneuerung" ist nicht unangebracht. Die aufgeführten Beispiele verdeutlichen, daß wohlmeinende Toleranz gegenüber sozialen und kulturellen Besonderheiten bzw. Abweichungen sich durchaus mit einer Verfeinerung (wenn man will auch: „Humanisierung") von Methoden der Machtausübung verbinden kann. Dies gilt für fortschrittliche Bestrebungen im zwischenmenschlichen Bereich (Beispiel Erziehung), auf der Ebene institutioneller Hilfeleistungen (Beispiel Psychiatrie) und im Verhältnis zwischen unterschiedlichen gesellschaftlichen Formationen (Beispiel Ethologie): In jedem dieser Fälle kann der Einsatz offener Repression deshalb vermieden werden, weil sich *kooperative Bezie-*

hungen als Steuerungsagenturen sozialer und kultureller Vorgänge durchsetzen. Ihr Wirkungsmechanismus besteht im wesentlichen darin, gesellschaftliche Macht eng mit den Lebenszusammenhängen der kooperierenden Akteure zu verschmelzen. Dabei kommt es zu zwei sich überlagernden *Identifikationsprozessen:* Die Beziehung erscheint als spontan, natürlich und lebensnah, weil sie sich vermeintlich unabhängig von äußeren Zugriffen organisiert; das Fehlen traditioneller Repressionsformen wird als *Chance* identifiziert, Bedürfnisse und Interessen elementar und unreglementiert zu befriedigen. Gleichzeitig erweist sich so die Beziehung als der geeignete Rahmen, in dem die — zum Teil gefährdeten und bedrohten —Identitäten der kooperierenden Akteure anerkannt, bestätigt und gefestigt werden; sie gilt daher nicht nur als *Bedingung* für gesellschaftliche Interessenwahrnehmung, *sie wird selbst zum soziokulturellen Bedürfnis.*

Wenden wir uns wieder der Praxis „behutsamer Stadterneuerung" zu. Wir erkennen nun ohne Mühe, auf welche Weise präventive Sozialpolitik und soziokultureller Liberalismus zusammenhängen: Soziokulturelle Toleranz, die je spezifische Anerkennung und Förderung der unterschiedlichen ethnischen und subkulturellen Gruppierungen in Kreuzberg 36, bildet geradezu eine notwendige Voraussetzung, damit „behutsame Stadterneuerung" als *Identifikationsmodell* fungieren kann: die einzelne Gruppe muß ihre besonderen Probleme bei den Akteuren „behutsamer Stadterneuerung" in guten Händen wissen; und sie muß sich soweit akzeptiert fühlen, daß ihre identitätsstiftenden Regeln, Verhaltensweisen und die bedeutsamen Differenzen zu anderen Gruppen angemessen gewürdigt werden.
Ich nenne diesen Prozeß kulturelle *Diversifikation:* Im Unterschied zur hergebrachten administrativen Praxis, gesellschaftliche Probleme zu individualisieren und zu segmentieren bzw. soziale „Außenseiter" an die herrschende Normalität zwangsanzupassen, erkennen die Akteure „behutsamer Stadterneuerung" *Andersartigkeit als soziokulturelles Gruppenphänomen* an; und nicht nur dies: sie setzen sich aus politisch-moralischer Überzeugung und mit Hilfe wissenschaftlicher Argumente für das Recht sogenannter gesellschaftlicher Minderheiten ein, sich kulturell eigenständig zu entfalten. Damit treten sie als Sachverständige, Interpreten und Anwälte verschiedener subkultureller bzw. ethnischer Gruppierungen auf; „behutsame Stadterneuerung" fungiert so gewissermaßen als Medium, das den „Betroffenen" eine allgemein *verständliche Sprache leiht*; das vermeintlich

Kultureller Pluralismus

Die These ist, daß es weder für Arbeitsimmigranten noch für Deutsche möglich ist, von einer nationalen Identität zu sprechen, wenn Identität den Umstand des Sich-Erkennens und Erkanntwerdens ausdrückt. Die nationale Identität besteht nur ideologisch, sie hat für den Alltag keinen Gebrauchswert; nicht die nationale Identität, sondern die kulturelle Identität hilft uns weiter. Denn für eine Identität, das heißt um sich als handelndes Wesen zu erkennen und erkannt zu werden, sind Sicherheit, insbesondere Verhaltenssicherheit, und die Chance zur Aktivitätsentfaltung wichtigste Voraussetzungen, die nur in einer Kulturgruppe, in einer Subkultur erfüllt werden können.

Unser Plädoyer gilt einem kulturellen Pluralismus, der gegenwärtig nur eine Zielvorstellung darstellt — trotz der Tatsache, daß die bundesdeutsche Gesellschaft eine multikulturelle ist.

Vorweg ist aber zu erwähnen, daß aus dem Plädoyer für kulturellen Pluralismus, für die Pflege der kulturellen Identität und aus der Absage an Integration und an nationale Identität nicht abgeleitet werden darf, unser Ziel sei Dualismus, also der Zustand der Nicht-Integration. Selbstverständlich sind bei jeder Subkultur, sei es bei denen der Arbeitsimmigranten oder sei es bei denen der Deutschen, Interaktionen, Änderungs- und Anpassungsprozesse im Gange. Und selbstverständlich kommt einer intensiven Aufklärungsarbeit zwischen verschiedenen Kulturgruppen eine große Bedeutung zu, die nur kleinteilig und vor Ort effektiv geführt werden kann, um diese Prozesse, die wir als „Akkulturationsvorgänge" bezeichen, zu beschleunigen und Konflikten vorzubeugen oder sie zu mildern. Das wichtigste dabei ist aber, daß solche Vorgänge Zeit brauchen. Es ist nicht möglich, sie durch politischen Druck, durch repressive Maßnahmen von oben zu beschleunigen — im Gegenteil, hier hilft nur eine langfristig angelegte Aufklärungsarbeit, die in allen Lebensbereichen stattfinden muß.

...

Der Weg zu einem kulturellen Pluralismus ist ein politischer. Er geht über eine gleichberechtigte Existenz auch der Arbeitsimmigranten in dieser Gesellschaft, über eine intensive zwischenkulturelle Aufklärungsarbeit und vor allem über die Überwindung der Über- und Unterordnung verschiedener kultureller Gruppen, des Überheblichkeitsgefühls der Deutschen gegenüber Minderheiten, also des statusquo. Erst in einer kulturell pluralistischen Gesellschaft im hier verstandenen Sinne können verschiedene Kulturgruppen sich autonom entwickeln und entfalten und ihre zwischenkulturellen Auseinandersetzungen anstatt auf nationalistischer, auf politischer Ebene austragen. Die Zukunft wird zeigen, ob dieser Weg eine Sozialutopie bleiben oder doch gelingen wird.

(aus: Cihan Arin: „Die nationale Idendität ist für den Alltag ohne Gebrauchswert." FR 24. 9. 84)

Ein Ghetto ist ein naturwüchsiger Lernprozeß, der seine eigene Dynamik hat, und der so kräftig ist, daß man ihn auch gar nicht voluntaristisch umbiegen kann. Er hat seinen Zeitrythmus, seine Bewegungsformen, in die man eigentlich nur so eingreifen kann, daß man sie anerkennt, als solche aufnimmt und beeinflußt, statt irgendwelche abstrakt richtigen Maßnahmen in den Kiez hineinzuschießen. Das ist auch ein Schutz gegen unsere Diskussion: was soll nun gemacht werden, welche Politik wollen wir von oben da eigentlich hereintragen. Von daher ist die Frage für uns als Individuen gar nicht, was wir hier jetzt für eine Politik proklamieren wollen, sondern eher das Verhaltensproblem. Können wir uns eigentlich, kann ich mich eigentlich verhalten? Kann ich mich diesem Potential an Widersprüchen stellen? Gibt es Möglichkeiten, da produktiv zu leben, ja Verständigungsmöglichkeiten zu schaffen?

(aus: Dieter Hoffmann-Axthelm: Ghettosituation und Kulturelle Widersprüche. In: Cihan Arin Hrg.: Ausländer im Wohnbereich; S. 114; Berlin 1983)

asoziale Verhaltensweisen — selbst wenn sie tatsächlich provokativ oder als bewußte Verweigerungen gemeint sind — als notwendige Kulturformen *über-setzt* und ihnen zumindest zu einer *Duldung verhilft*; das schließlich öffentlich soziokulturelle Besonderheiten als Identitätsmuster zurückspiegelt und darüber hinaus sogar als *speziel-le Lebensqualitäten hervorhebt.*

Wenn ich so sagen darf, läuft die kulturelle Diversifikation auf eine *Chronifizierung sozialer Abhängigkeit* hinaus. Diese in Anlehnung an den Begriff der *chronischen Krankheit* geprägte Formulierung soll verdeutlichen, daß die Entfaltung kultureller Praktiken — und das heißt: die besondere Art und Weise einer sozialen Gruppe, sich ihre soziale und räumliche Umwelt anzueignen und dabei ein Bewußtsein ihrer selbst zu erlangen — der fortlaufenden Vermittlung durch eine professionelle Dienstleistungsbeziehung bedarf; *soziale Kompetenz und politische Verantwortlichkeit werden auf Dauer an ein keineswegs neutrales Medium abgetreten.*

Als *neutrales* Medium kann man die „behutsame Stadterneuerung" schon deshalb nicht bezeichnen, weil sie ein instrumentelles Verhältnis zu den sich vollziehenden gesellschaftlichen Entwicklungen besitzt. Im Rahmen ihrer Präventivfunktion trägt auch kulturelle Toleranz den Charakter einer *aufgezwungenen* Behandlungsform;

Beziehungsarbeit, aktivierende Gemeinwesenarbeit, intermediäre Vermittlung, kulturelle Animation — wie immer man die soziokulturelle Praxis der „behutsamen Stadterneuerung" betitelt, sie erfüllt *auch* die Aufgabe *politischer Befriedung*: Denn mit ihrer Hilfe erfolgt eine wichtige — vielleicht sogar die bedeutsamste — Einflußnahme auf den Kreuzberger Entwicklungsprozeß. Den „Betroffenen" wird in sehr subtiler Weise, ja zum Teil im Einklang mit deren ureigenen Bedürfnissen und Hoffnungen, bestätigend zurückvermittelt, welches ihr *hauptsächliches* Problem sei: *Gewinnung bzw. Erhalt und Pflege soziokultureller Identität.* Und zur *Lösung dieses Problems* unterbreiten die Akteure „behutsamer Stadterneuerung" gleichzeitig ein vielversprechendes Angebot zur Kooperation; zusammen mit den soziokulturellen sollen natürlich auch die materiellen Interessen Berücksichtigung finden — *die „Betroffenen" müssen sich nur auf die Beziehungswerbung einlassen.*

Wie in einer alten Ehe

Nun muß ich einräumen, in den vorangegangenen beiden Kapiteln etwas zu weit vorgeprescht zu sein — nicht in dem, was die Struktur der Arbeitsweise „behutsamer Stadterneuerung" angeht, sondern darin, was die tatsächliche Reichweite ihrer sozialen Prävention betrifft: *Kulturelle Diversifikation* bedeutet ja unter anderem, die verschiedenen Sozialgruppen nicht über einen Kamm zu scheren, Unterschiede anzuerkennen und zu berücksichtigen, Abgrenzungen und identitätsstiftende Trennungen ernst zu nehmen. Und ein solches Unterfangen geht nicht ohne Probleme ab.

Eine Schwierigkeit — mit sehr ambivalenten Konsequenzen — liegt darin, daß sich verschiedene Sozialgruppen in einer objektiv kaum auflösbaren *Konkurrenzsituation* befinden. Denn trotz aller Erfolge bei der Verbesserung von Wohn- und Lebensverhältnissen leistet „behutsame Stadterneuerung" in Kreuzberg 36 vor allem *Mängelverwaltung:* Es herrscht ein Konkurrenzkampf um Wohnraum, um soziale Einrichtungen, um die Aneignung öffentlicher Plätze, um Einflußmöglichkeiten auf das Planungsgeschehen, um Betreuung und Zuwendung durch professionelle Experten etc. Die Akteure „behutsamer Stadterneuerung" werden damit konfrontiert, es nicht allen recht machen zu können; sie müssen sich entscheiden — der Vorteil einer Gruppe verstärkt die Benachteiligung einer anderen: *Nullsummenspiel.*

Aus diesem Dilemma läßt sich allerdings politisches Kapital schlagen. Was den Akteuren „behutsamer Stadterneuerung" mitunter als schwieriger *Zielkonflikt* auf den Magen schlägt, kann umstandslos auch als *sozialpolitischer Steuerungsmechanismus* benutzt werden: Staatlich verursachte Versorgungsdefizite, fehlende Ressourcen, miserable sozialräumliche Qualitäten oder auch die Verschlechterung des politischen Klimas können ohne eigenes Zutun „vergesellschaftet" werden — in den Augen einer bestimmten Sozialgruppe fungiert die jeweils konkurrierende ohnehin als *Sündenbock*. Diese Tendenz verstärkt sich zweifellos dadurch, daß das Soziokulturelle in Kreuzberg 36 eine besondere Aufwertung erfährt: Die *politische* Konfliktlinie pflanzt sich dem Sozialkörper als gegensätzliche Interessenlage verschiedener Sozialgruppen ein; und die professionellen Experten können als Vermittler und Schiedsrichter auftreten.

Freilich sind sie in dieser Rolle nicht unbedingt zu beneiden. Denn sie müssen den Zorn derjenigen abkühlen, deren Erwartungen und Hoffnungen sie selbst entfacht bzw. für die sie wohlwollendes Verständnis und Ermutigung gezeigt haben.

Betrachten wir einige typische Beispiele. Da haben wir zunächst die sogenannte deutsche Stammbevölkerung. Ihr war während der langen Kreuzberger Sanierungs- bzw. Verfallsgeschichte übel mitgespielt worden: Trotz wiederholter gegenteiliger Versprechungen der verantwortlichen Politiker mußte sie ohnmächtig mit ansehen, wie das Gebiet herunterkam, ein gewachsenes Netz sozialer Bezüge zerfiel, Betriebe schlossen, die gewerbliche Nahversorgung ausdünnte, ganze Straßenzüge abgerissen wurden — mit einem Wort: sie ihrer *Heimat* beraubt wurde. Wer es sich leisten konnte, verließ Kreuzberg. Wer zurückblieb, gab oftmals den nachrückenden Ausländern, die nun nach und nach das Kreuzberger Straßenbild prägten, die Schuld für diesen Verlust; verschiedene wissenschaftliche Untersuchungen weisen immerhin aus, daß die Mehrzahl der deutschen Stammbewohner den Wunsch, aus Kreuzberg wegzuziehen, an erster Stelle mit der Anwesenheit bzw. der Dominanz von Ausländern begründet: Sie fühlen sich überfremdet, die Ausbreitung anderer Kulturformen wirkt angesichts der Zerstörung des eigenen Milieus als bedrohlich, das direkte Zusammenleben mit den *vermeintlich* unzivilisierten und sozial unter ihnen stehenden Ausländern deckt die eigene gesellschaftliche Benachteiligung auf: Es bleibt manchmal nichts, auf das man stolz sein könnte — *außer Deutscher zu sein.*

In einem derartigen Klima fällt es nicht leicht, eine behutsame Integrationspolitik einzuschlagen, die etwa auf Anerkennung und Förderung spezifischer türkischer Lebensweisen gründet. Aufzuklären und für Verständnis zu werben, dürfte wenig bezwecken: Das rassistische Vorurteil bildet einen nicht unbedeutenden Anteil an der Identität der deutschen Stammbevölkerung; es ist sozusagen *emotional verankert*. Darüberhinaus wird es durch die offizielle Ausländerpolitik laufend bestätigt und genährt. Wenn die Akteure „behutsamer Stadterneuerung“ an den Problemen der Ausländer Anteil

Türken Raus?

Berlin Kreuzberg — trotz einiger augenfälliger Modernisierungsmaßnahmen und verbessertem Image: Stiefkind Westberliner Stadtpolitik. Anders gesagt: Ergebnis langjähriger Vogel-Strauß-Politik und Laissez-faire. Weil man hier wie in keinem anderen Bezirk billig wohnen kann, haben sich die meisten türkischen Gastarbeiter in SO 36 und Teilen von 61 versammelt. Hausbesitzern und Wohnungsbaugesellschaften kamen die Türken oft gerade recht, z. B. als Stoßtrupps für großflächige Sanierungsvorhaben. Wo von Türken die Altbauten endgültig heruntergewirtschaftet wurden, ließ sich schneller abreißen. Inzwischen ist es fünf vor zwölf. Die Entscheidung steht an: Kreuzberg — Berlins Türkenghetto oder Westberliner Stadtteil? Politische Lösungen großen Maßstabs sind dran. Solange sie noch getroffen werden können. In einem Türkenghetto entscheiden nur noch Justiz und Polizei.

Die deutschen Kreuzberger sagen: Türken raus! Die SPD befragte Kreuzberger Bürger vor der Markthalle in der Eisenbahnstraße: Man schimpfte auf die Türken, keiner will sie, jedenfalls nicht so viele. Die Türken erdrücken zusehends die Deutschen. Kaum einer der Kleingewerbetreibenden will noch längerfristig investieren. Und wenn das deutsche Kleingewerbe geht, wandern auch die letzten deutschen Idealisten ab. Das Türkenghetto wäre perfekt: „Türken raus!" Ist das Rassismus?

...

Türken raus? Warum nicht. Zumindest einige. Es gibt ganz sicher türkische Familien, die wegziehen würden, wenn sie woanders eine Wohnung bekämen. Türkisches Milieu, türkische Kultur, ja. Aber das geht nicht ohne die Deutschen. Türken raus — diese Entscheidung steht an. Es sei denn, man will den Stadtteil sterben lassen.

(aus Zitty, 8/80 S. 8 ff)

Dieser Zitty-Titel sprach 1980 das aus, was viele Kreuzberger dachten. Zum Beispiel die Familie Q.:

Die Familie Q. — Ehepaar mit drei Kindern — ist während der Modernisierungsarbeiten in der Wohnung geblieben; die Arbeiten sind inzwischen abgeschlossen. Die Familie wohnt seit vier Jahren in dem Haus. Die Belastung durch die Bauarbeiten war sehr groß; das ist aber jetzt vorbei, und im großen und ganzen sind sie zufrieden. Der einzige Nachteil sind die Ausländer. „Und das muß ich ausdrücklich sagen: wir hatten hier früher nie Ausländer drin, und wir haben jetzt das ganze Haus voll. In den ganzen Jahren war es immer unser Stolz, wir hatten keine Ausländer drin gehabt. Und jetzt über uns, neben uns, furchtbar. Vor allem Türken sind eingezogen. Die Türken nebenan kennen gar keine Rücksicht, die schreien im Treppenhaus, die machen eine Lautstärke, egal zu welcher Uhrzeit. Es gibt so viele Deutsche, die eine Wohnung suchen und die keine kriegen, warum müssen es die Ausländer sein. Ich stehe auf dem Standpunkt, daß das ganze Gelumpe — und für mich ist das ein Gelumpe —daß das alles Betrüger sind. Die ziehen mit vier oder fünf Personen ein, und in der Wohnung wohnt ein ganzer Harem. In der Wohnung leben 12 oder 13 Leute, das ist irgendwie nicht korrekt und daran kann man die Leute kriegen.“

Oder nehmen wie eine andere Volkes Stimme:

„Die Türken kaufen doch alle am Görlitzer Bahnhof, da haben sie sich einen Markt eingerichtet. Wenn die Türken nicht reingekommen wären, wäre das ganze Viertel nicht gestorben. Denn die waren ja wie die Ratten, sind die, obwohl ich gut mit ihnen ausgekommen bin. Verstehen sie das, man muß sich beherrschen. Die haben doch alles kaputt gemacht. Ob das ne Rasenfläche war, überall waren sie drauf. Die haben überall rumgeschnüffelt und gestohlen. Die haben die Keller aufgebrochen. Die haben doch alles im Haus geklaut. Es sind einfach zu viel Ausländer. Es war doch kein Wohnen mehr. Abends konnte man überhaupt nicht mehr rausgehen. Die Polizei war auch weg. Die Polizeireviere, alles aufgelöst.“

(Beide Zitate aus: Die Betroffenheit der Mieter durch die ZIP-Modernisierung in Kreuzberg SO 36. Hartwig Dieser und Anastasie Kouvelis. S. 132 u. S. 259 f. MS, Berlin 1980)

nehmen, sich ihnen in besonderer Weise zuwenden und die öffentliche Präsentation etwa türkischer Kultur fördern, müssen sie damit rechnen, daß große Teile der deutschen Stammbevölkerung sich zurückgesetzt, gedemütigt und benachteiligt fühlen; es besteht die Gefahr, daß ihre Identifikation mit der „behutsamen Stadterneuerung“ zerbricht, daß sie die Mitarbeit verweigern oder resignieren. Mit derartigen Spannungen, Reibereien und Behinderungen müssen sich jedenfalls soziale Einrichtungen wie Stadtteilzentren, Jugendfreizeitheime, Kinderläden, Beratungsstellen etc. auseinandersetzen, deren Arbeit sich *nicht auf eine spezielle Sozialgruppe* bezieht.

Auf eine ähnliche Problematik stoßen wir im Verhältnis jugendlicher Punker und Gewerbetreibender am Kottbusser Tor: Der Platz vor den Geschäften des neuen Kreuzberger Zentrums war zum zentralen Treffpunkt der Punkerszene geworden; er verkörperte einen *örtlichen Lebenszusammenhang*, wenn man so will, ein Stück Heimat. Die Ladeninhaber hingegen sahen darin ein *öffentliches Ärgernis;* sie beklagten Verunreinigungen, Belästigungen, Diebstähle und forderten aus Geschäftsinteresse die dauerhafte Vertreibung der Punks.

Es besteht kein Zweifel darüber, daß die Akteure „behutsamer Stadterneuerung" weder das Problem Ausländerfeindlichkeit noch die Konflikte vom Kottbusser Tor *zur allseitigen Zufriedenheit* lösen können; niemand könnte dies. So besteht ihre Vermittlungspraxis auch eher darin, die Berechtigung der konkurrierenden Ansprüche jeweils anzuerkennen und der Partei, die in einem — wie auch immer bestimmten — *„allgemeinen Interesse"* zurückstecken muß, *Kompensationsangebote* zu machen: Das zu bewältigende Problem bestände dann darin, das „allgemeine Interesse" gewissermaßen demokratisch zu legitimieren und zu wissen, welche Art „Entschädigung" soziokulturell angebracht und finanzierbar ist.

Die Aufgabe der — wenn möglich vorbeugenden — Konfliktintervention erfordert also zweierlei: soziale Stimmungslagen wahrzunehmen und Kräfteverhältnisse einzuschätzen; daraus abgeleitet sozialpolitische Gewichtungen vorzunehmen, Prioritäten zu setzen. Ebenfalls die verschiedenen subkulturellen Formationen zu verstehen, das heißt ihre Regeln und die internen Bedeutungen ihrer spezifischen Probleme kennen, ihre Ausdrucksweisen und Stile lesen können.

Nun heißt Diversifikation *Unterschiede machen.* Und wo Unterschiede gemacht werden, schleichen sich Bewertungen ein. Davon sind selbst die Akteure „behutsamer Stadterneuerung" nicht frei: Auch wenn sie sich als neutrale Mittler begreifen (eine Rolle, die sie schon wegen ihrer institutionellen Abhängigkeiten nicht ausfüllen können), so verkörpern sie doch gewiß keine *interkulturellen Überwesen,* keine *Sozialchamälien,* die sich nach Belieben in die verschiedenen subkulturellen Gruppierungen *einfühlen* und das meint auch: auf sie einlassen können. Bei aller Aufgeschlossenheit und Verständnisbereitschaft bleiben sie ihrer *eigenen Lebensgeschichte verhaftet,* verfolgen daher bestimmte Zukunfts- und Ordnungsvorstellungen, machen sich Bilder von einer erstrebenswerten Gesellschaft; sie denken und empfinden als Intellektuelle, Männer, Frauen, Deutsche, Alternative, Sozialisten etc. Und „natürlich" lehnen sie etwa Ausländerfeindlichkeit ab, grenzen sich gegenüber der gängigen Frauenunterdrückung im türkischen Familienverbund ab, haben Vorbehalte gegenüber radikalen Demonstrationsformen, entwickeln Ängste vor dem gewalttätigen Gehabe einer Punkergruppe, fühlen sich verbal unbeholfenen Mietern geistig überlegen, hegen Bedenken gegenüber voluntaristischen Selbsthilfeversuchen etc.

Selbstverständlich setzen sich die einzelnen Akteure „behutsamer Stadterneuerung" unterschiedlich mit diesen Problemen auseinander. Es fällt jedoch auf, daß ihr Verhalten in eine spezielle Form des professionellen Umgangs mit soziokulturellen Entwicklungen einmündet: Sie begünstigen das Entstehen des sogenannten *Kiezsyndikalismus.* Damit meine ich, daß die professionellen Experten *nicht in jedem Fall selbst* Beziehungen zu einzelnen Sozialgruppen aufnehmen, sondern zu diesem Zweck *„Betroffenen"-funktionäre* assoziieren. Wenn wir uns daran erinnern, welchen politischen Zusammenhängen die „neuen" Experten zumeist entstammen, wundert es nicht, daß auch die Nicht-bzw. halbprofessionellen „Betroffenen"-vertreter sich oft der alternativ-fortschrittlichen Szene zugehörig fühlen: Als Repräsentanten von Kirchengemeinden, Mieterräten, Jugendprojekten, Selbsthilfegruppen, Kulturvereinen, Interessengemeinschaften, Beratungsläden, Stadtteilzentren, Gewerbetreibenden, Bürgerinitiativen, Kinderläden, Arbeitskollektiven oder von dezentralen Verwaltungsstellen stehen sie für verschiedene ethnische, kulturelle, soziale, altersgruppenspezifische etc. Probleme und Interessen. Sie sind insofern annehmbare und angenehme Kooperationspartner, als sie auch als „Betroffene" gelten können; gleichzeitig teilen sie mit vielen professionellen Experten in etwa gleiche Ausdrucksformen, Leitgedanken und Denkmuster. *Hauptsächlich sie* bevölkern die Partizipationsgremien und verhelfen der Praxis „behutsamer Stadterneuerung" zu einem Gutteil *„demokratischer" Legitimation.*

Tatsächlich repräsentieren die, wie böse Zungen mitunter sagen, „Berufsbetroffenen" vornehmlich ein bestimmtes Spektrum der in Kreuzberg 36 vertretenen Probleme, Lebensweisen und Bedürfnisse. Damit will ich nicht behaupten, sie vernachlässigten bewußt spezielle Belange einzelner Sozialgruppen. Allerdings läßt sich kaum übersehen, daß vor allem die Interessen politisch aktiver und sozialpolitisch als „explosiv" geltender Gruppierungen in den verschiedenen Partizipationsgremien eine deutliche Vorrangstellung einnehmen: Überspitzt formuliert, bildete etwa die AEK längere Zeit eine Art *Selbstbedienungsladen* für Teile der links-alterntiven Szene.

Das kleine AEK-Porträt

'Ich versteh' das nicht ganz' *sagt Uwe, 'da habt ihr hier diese fantastische Kommission und habt die IBA und was noch alles. Dann ist da ein Riesenbedarf an Kita-Plätzen, siebenhundert oder so — und dann?'* Ja, was d a n n ? Frage ich. Uwe lächelt: *'Na, das war doch keine abgewogene Entscheidung, das ist doch irgendwie durchgepowert worden von der Seite, die sich so lautstark artikuliert hat.' er lächelt wieder: 'Also, ich bin von mehreren hinterher angesprochen worden, die das auch so sehen —warum haben die das nicht laut gesagt? Haben die Angst?'*

Uwe empfand die AEK-Sitzung als bedrohlich: *'In solch einem Klima ist keine Klärung und kein Gespräch mehr möglich. S o werden sich die Betroffenen sehr schnell g e g e n e i n a n d e r ausspielen. Zum Schluß ruft immer einer nach dem Senat oder dem „starken Mann"!*

Uwe fährt fort: 'Meinem Eindruck nach ist da die Meinung des Mieter r a t e s durchgedrückt worden und nicht die der Mietermehrheit und schon gar nicht die der türkischen — die waren doch f ü r einen Kita-Umbau, oder?' (Eine Befragung durch die IBA-Sozialplanerin hatte dies bestätigt.)

Nach seiner Zeit als Besetzer gefragt, wehrt er ab: 'Nee, das war 'ne symbolische Besetzung, um Wohnraum für Studenten zu erkämpfen. Aber,' fügt er hinzu '*ich find das ganz in Ordnung. Wenn das Kapital die Werte verkommen läßt, ist der im Recht, der sie instandbesetzt.'* Und wenn er damit dann vielleicht 'ne Kita verhindert? Das fände Uwe nach wie vor nicht so gut: *'Dem deutsch-türkischen Verhältnis schadet es, wenn eine deutsche Minderheit ihr Interesse durchpowert und sich damit einreiht in die allgemeine Türkenunterdrückung — objektiv gesehen! Das werden die meisten des Mieterrates und der Walde-Leute nicht so sehen wollen, aber im Ergebnis ist es so.'*

'Ja, und wenn sich da 'ne Minderheit über den Mieterrat als Mehrheit darstellt und das garnicht ist? Ich glaube, die Türken empfinden das als typische Situation der Unterdrückung. Und das verschlechtert dann die allgemeinen Verhältnisse!' Du meinst das Verhältnis zu den Türken? *'Ja, aber auch überhaupt, untereinander.'*

Er zögert, sucht nach einem Beispiel und nennt dann die Situation neulich, Ende Juni, als wieder einige Häuser geräumt worden waren. Da sei ihm das deutlich geworden, daß diese Räumungspolitik die Instandbesetzer gegen andere Betroffene ausspiele. *'Aber'*, setzt er hinzu, *'das funktioniert ja nur, wenn die mitmachen, und das fängt da an, wo die Leute nur ihr eigenes Interesse sehn. Kommen auf die AEK, wollen Ergebnisse für ihr Projekt, gehn wieder und lassen sich nicht mehr blicken. Ich glaube, die sehen nicht mehr das Ganze...'*

Ob diese 'fantastische AEK' vorhin ironisch gemeint war, will ich wissen. Uwe lacht: *'Nein, nein, das ist wirklich eine großartige Sache, grundsätzlich, find ich.'*

(Auszug aus: Kiez Depesche Nr. 9, Sept./Okt. 1983, S. 23 ff.)

Jedoch erschöpft sich die Funktion des „Kiezsyndikalismus" nicht darin, Legitimation zu beschaffen, bestimmte Sozialgruppen quasiinstitutionell an die „behutsame Stadterneuerung" anzubinden und den Informationsfluß zwischen Experten und „Betroffenen" zu intensivieren. Als „Betroffenenlobby" vermittelt er eine Art *Arbeitsteilung* zwischen professionellen Experten und der links-alternativen Szene; er trägt wesentlich zur Stiftung von *symbiotischen Beziehungen* bei, indem er bestimmte Rollenzuschreibungen und gegenseitige Abhängigkeiten verfestigt: Über den Mechanismus des „Kiezsyndikalismus" werden *politische Aufgaben* an die professionellen Experten übertragen, während die *soziokulturelle Erneuerung* der Szene vorbehalten bleibt. Anders ausgedrückt: Die Szene will als Unruhe in Ruhe gelassen werden — die Akteure „behutsamer Stadterneuerung" garantieren die Bedingungen, unter denen das möglich ist.

Diese Wechselbeziehung ist alles andere als ein äußerlicher Zusammenhang; ich nenne sie deshalb *Symbiose,* weil sie die Identität der einen an die komplementäre Praxis der anderen knüpft. Während in der Szene Begriffe wie Bewegung, Gefühle, Veränderung, Ausprobieren, Selbsterfahrung, Spontaneität, Bedürfnisse, Kreativität, Radikalität, Autonomie, Überschaubarkeit und Nähe eine unstrukturierte, soziokulturelle Aufbruchsituation codieren, bezeichet „behutsame Stadterneuerung" eher etwas Regelhaftes, Gemäßigtes, Begründbares, Verläßliches und Etabliertes. Diese Polarisierung wird dadurch möglich *und lebensfähig,* daß sich beide Pole aufeinander beziehen: Die Beteiligten verlagern gewissermaßen *eine Seite* ihrer inneren Widersprüche nach außen und binden sie beim jeweiligen „Partner" an.

Wie treten nun solche Symbiosen in Erscheinung? Keineswegs dürfen wir sie uns als harmonische Gemeinsamkeit vorstellen; in Vielem erinnern sie vielmehr an eine *alte Ehe:* Sie sind ein dauerndes Feilschen um gegenseitige Anerkennung, ein Buhlen um Zuwendung, ein Ringen um Verständnis, ein wechselseitiges Zuschieben von Schuld an Enttäuschungen, ein ständiges Zweifeln an Aufrichtigkeit.

Nehmen wir einige Beispiele: Da sind zunächst die geräumten Hausbesetzer, die sich von den Akteuren „behutsamer Stadterneuerung" im Stich gelassen sehen. Oder die Betreuer einer Kindergruppe, deren Wunsch auf Verkehrsberuhigung anscheinend schlampig behandelt wird. Oder die Freaks, die befürchten, formalen Sachzwangargumentationen nichts entgegensetzen zu können. Oder die

Aktivisten eines Handwerkskollektivs, die sich in der AEK ausgetrickst fühlen. Oder Angehörige einer Punkergruppe, die einer Illusion aufsitzen, wenn sie es als selbstverständlich ansehen, daß sie mit einer Fabriketage versorgt werden. Oder die Mieterberater, die vergeblich auf die Absicherung ihrer Verträge warten. Oder denken wir schließlich an Mitglieder einer Bürgerinitiative, die informelle Absprachen der professionellen Experten mit dem Senat als Mißachtung ihrer Arbeit bewerten. Im Gegenzug fühlen sich die Akteure „behutsamer Stadterneuerung" oftmals falsch verstanden und zu unrecht angegriffen; sie sehen ihre Anstrengungen nicht gebührend gewürdigt; die auf ihnen lastende Verantwortung werde verkannt.

Politischer Notstrom

Das Jahr 1982 geht zu Ende. Die Berliner Staatsanwaltschaft will sich um die Lösung des Hausbesetzerproblems verdient machen: Sie durchsucht mehrere besetzte Häuser nicht zuletzt mit der Absicht, baupolizeiliche Mängel aufzudecken. Das gewünschte Resultat: Baupolizeiliche Sperrung und damit „kalte" Räumung des betreffenden Hauses.

Heute dringt sie ins Kerngebiet von Kreuzberg 36 vor: die Ora 198, auch bekannt als Besetzereck, ist dran. Zum wiederholten Male kann ein Stromdiebstahl festgestellt werden. Die Staatsanwaltschaft läßt die Stromzufuhr kappen und fordert die Kreuzberger Baubehörde auf, wegen verschiedener Mängel, vor allem aber wegen der nun fehlenden Treppenhausbeleuchtung, das Haus zu sperren.

Die Kreuzberger unter Führung ihres Baustadtrates Werner Orlowsky stellen sich quer: Es ergeht die Auflage, alle Mängel bis zum Einbruch der Dunkelheit zu beseitigen.

Nun setzt eine hektische Betriebsamkeit in den Unterstützerkreisen der Szene ein: Die versammelten Bauexperten,

Kommunalpolitiker und Mietervertreter überlegen, wie das Hauptproblem anzugehen sei — Wie kann das Treppenhaus beleuchtet werden?

Man ruft uns an, denn wir besitzen ein Notstromaggregat. Im Besetzereck angekommen, finde ich ein Menge aktiver Leute vor: Sie begutachten die fast fertiggestellte neue Elektoanlage. Leider hatten sich die Besetzer mit ihrer Montage zuviel Zeit gelassen und die Anmeldung bei der BEWAG verschlampt. Was nun tun? In die neue Anlage darf kein Notstrom eingespeißt werden — das verbietet die BEWAG. Baustrom vom Nachbargrundstück — Eigentümerin ist die senatseigene GSW — läßt sich am frühen Nachmittag auch nicht mehr organisieren. Also doch das Notstromaggregat aufstellen und Baulampen im Treppenhaus anschließen!

Leute schwärmen aus, um Kabel und Lampen zu besorgen. Andere machen sich Gedanken um den Standort des Gerätes: Im Treppenhaus oder im Durchgang darf es nicht stehen — wegen der Feuer- und Vergiftungsgefahr. Vielleicht im leeren Seitenflügel? Aber über den Schutt kriegt man das Ding kaum. Also am besten in den Hof, obwohl es regnet.

Langsam merke ich, daß die jetzt aktiven Leute sämtlich dem Unterstützerumfeld angehören; ein paar Besetzer stehen eher hilflos in der Gegend rum. Sie werden auch gar nicht richtig einbezogen, denn die Zeit drängt: Sachverstand und schnelle Entscheidungen werden benötigt.

Dann wird auch einer der Besetzer aktiv: Er beginnt aus einer Palette und Bauholz ein Dach für den Motor zu bauen. Ich bin froh darüber, denn ich weiß nicht, wie dem Aggregat der Dauerregen bekommen würde.

Inzwischen sind die Leitungen verlegt, wir schmeißen den Motor an, es wird hell im Treppenhaus. Ich schaue mich nach dem Dach um. Es liegt halbfertig im Hof; der Besetzer ist verschwunden und taucht auch nicht wieder auf. Wir Unterstützer sind jetzt ganz unter uns. Wir machen weiter, bauen einen Regenschutz, besorgen Benzin, überprüfen, ob der knatternde Motor in der Skalitzer Straße noch als Lärmbelästigung empfunden werden kann. Jetzt stößt auch Baustadtrat Orlowsky zu uns. Wir treiben wieder einen Besetzer auf und erklären ihm die Bedienung der Anlage. Schließlich gehe ich noch mit Orlowsky durchs Haus. Er will sehen, ob auch die übrigen Mängel beseitigt sind. Er nimmt mich als Zeugen dafür mit, daß er wirklich kontrolliert hat. Wir hasten von Stockwerk zu Stockwerk. die Mehrzahl der Mängel ist noch nicht behoben, obwohl es sich nur um Kleinigkeiten handelt.

Orlowsky wird immer saurer. Er ist den ganzen Tag auf Achse und setzt dabei viel Zeit und Energie für die Sicherung besetzter Häuser ein. Am nächsten Tag wird er erfahren. daß die Staatsanwaltschaft gegen ihn ein Verfahren angestrengt hat; und das wegen seiner morgentlichen Weigerung, das Haus zu sperren. Warum können ihm die Besetzer nicht wenigstens die Arbeit erleichtern und die Auflagen erfüllen — auch wenn diese weitgehend auf bürokratische Schikanen zurückgehen? So muß er nun noch die Besetzer animieren, eine Strebe im Notgeländer des Treppenhauses festzunageln, ein Loch im Kamin richtig zuzuschmieren etc.

Es ist schon Abend, als wir das Haus verlassen. Im Hof tuckert das Notstromaggregat. Die Besetzer haben sich zumeist aus dem schlecht beheizten Haus in die umliegenden Kneipen geflüchtet. Vor dem Haus treffen wir eine Gruppe holländischer Besucher, die zur Zeit im Haus übernachten. Diese machen Orlowsky an, weil sie ihn schon am Morgen gesehen haben und für einen Bürokraten halten, der mit formalen Tricks die Besetzer räumen lassen will.

Solche Reibereien beeinträchtigen den „normalen" Ablauf symbiotischer Beziehungen kaum. Im Grunde genommen gehören sie sogar zu deren *Programm:* Sie inszenieren immer auf's Neue die Rollen der jeweiligen Darsteller; sie ermöglichen das Wechselspiel von Selbstdarstellung und Bestätigung durch den Partner: Die Szene erkennt sich als soziokulturelle Avantgarde, die Akteure „behutsamer Stadterneuerung" finden sich letztlich als kompetente und fortschrittliche Experten bestätigt.

Zweifellos begegnen wir in dieser Symbiose einer *Politisierung der Beziehungsebene.* Hiergegen Einwände zu erheben, kommt einem erst einmal nicht so leicht in den Sinn: Fordert denn nicht eine zentrale Parole der sogenannten neuen sozialen Bewegungen, daß das Persönliche politisch sei? Und ist damit nicht gleichzeitig gemeint, die Politisierung des Privaten sei notwendig emanzipativ?

Wie dem auch sei — was ich hier mit den Begriffen: *Diversifikation und Chronifizierung* umrissen habe, dürfte mit *gesellschaftlicher Emanzipation* wenig gemein haben. Denn die Politisierung der Beziehungsebene korrespondiert mit einer *Entpolitisierung des sozialen Lebens:* Der radikale Subjektivismus innerhalb der linksalternativen Szene etwa *verflacht zum politisch harmlosen Kulturgut:* Er wird dazu gebracht, sich wohlgefällig an seinen vielfältigen Symbolisierungen, an seinen stilistischen Atitüden oder an seiner touristenschreckenden Scheingewalt zu bespiegeln; die Szene darf sich zunehmender öffentlicher Sympathie für Selbsthilfeansätze, Arbeitskollektive, Kulturinitiativen, Therapiegruppen, genossenschaftliche Wohnformen, Umweltschutzvereine, alternative Café-s etc. erfreuen.

Vielleicht stellen diese Erfolge derzeit bereits das politische Optimum dar; vielleicht wollen weite Teile der links-alternativen Szene auch gar nichts anderes erreichen. Wenn sie jedoch in ihrer kulturellen Befriedung nicht das rechte Glück finden, sollten sie von ihren professionellen Partnern scheiden — denn diese sind dabei, ihre Wünsche und Bedürfnisse zu territorialisieren.

Zwischen Hämer und Lummer

Man könnte beinahe den Eindruck gewinnen, „behutsame Stadterneuerung" verkörpere ein Politikmodell, das *sowohl die Kreuzberger Entwicklung als auch die Möglichkeiten, diese Entwicklung in Frage zu stellen, reguliert:* Soziokulturelle Experimente und außerinstitutionelle Reformbewegungen dienen als Versatzstücke administrativer Reorganisation; Beziehungsarbeit erweist sich als sozialer Steuerungsmechanismus und reproduziert quasi selbsttätig gesellschaftliche Machtstrukturen; sozialpolitische Fortschritte vergrößern gleichzeitig institutionelle Interventionsräume; soziale Strukturplanung wirkt als präventive Soziopathie; soziokulturelle Erneuerung wird zum harmlosen Ersatz für politische Veränderung. Tatsächlich fügen sich diese sozialpolitischen Mechanismen zu einem System zusammen, mit Hilfe dessen sich *Gesellschaftskritik zum Motor politischer Herrschaftssicherung* umfunktionieren läßt: Auf den Ebenen der Ideologie, des professionellen Selbstverständnisses, der Arbeitsweisen und der „Betroffenen"-beteiligung findet ein institutioneller Reformprozeß statt, der seine Dynamik dadurch gewinnt, daß er als Strategie sozialen Fortschritts *identifiziert* wird. Man könnte angesichts dieses erdrückenden Bildes also den Eindruck gewinnen, „behutsame Stadterneuerung" leite einen weitreichenden sozialen Vereinnahmungs- wenn nicht gar Gleichschaltungsprozeß ein.

Allerdings würde ich der sich um die „behutsame Stadterneuerung" rankenden *Ideologie der Veränderung* ein Stück auf den Leim gehen, untersuchte ich nur die von ihr in den Vordergrund geschobenen *Innovationen:* Ich ließe mich dann darauf ein, die Entwicklung Kreuzbergs auf die hervorstechendsten Reformerrungenschaften zu reduzieren. Damit liefe ich Gefahr, den realen Wirkungsgrad „behutsamer Stadterneuerung" in Kreuzberg zu überschätzen. Vor allem aber verkennte ich, daß „behutsame Stadterneuerung" im Spektrum verschiedenster Interventionen in das soziale und politische Geschehen Kreuzbergs nur einen, wenn auch nicht unbedeutenden Ausschnitt einnimmt.

Um die „behutsame Stadterneuerung" im System gesellschaftlicher Machtausübung genauer zu verorten, reicht es nicht aus, sie als *reformistisch* zu kennzeichnen; man muß hinzufügen, daß sie *einen Teil der Politik des CDU-Senats* bildet und diese Poliitk um „behutsamere" und „weichere" Methoden der Stadtsanierung und Sozialsteuerung bereichert. Damit meine ich, daß die Fortschritte „behutsamer Stadterneuerung" keineswegs Schritt für Schritt die autoritär-bürokratischen Planungsverfahren früherer Sanierungsphasen beseitigen noch etwa zur allmählichen Abschaffung offen repressiver Sozialinterventionen beitragen: „behutsame Stadterneuerung" leitet nicht einen evolutionären Weg sozialer Emanzipation ein, sondern *ergänzt* den bestehenden Machtapparat um subtilere Strategien. In diesem Sinne gründen selbst die fortgeschrittensten Experimente „behutsamer Stadterneuerung" im Boden herrschender Politik. Dieser Zusammenhang bildet die *politische Grundlage* für die Differenzierungsprozesse, die ich unter dem Begriff *Diversifikation* dargestellt habe.

Es bedarf keiner analytischen Höhenflüge, um die sich *ergänzende Koexistenz* „harter" und „weicher" Politikformen zu erkennen; sie läßt sich leicht auf gesamtstädtischer Ebene, gebietsspezifisch in Kreuzberg 36 und auch in Bezug auf einzelne Sozialgruppen ausmachen:

Im *gesamtstädtischen Rahmen* nimmt die Kreuzberger Entwicklung eine Sonderrolle ein. Hier eröffnen sich der „behutsamen Stadterneuerung" Freiräume, von denen fortschrittliche Planer in anderen Stadtteilen nur träumen können. Dies gilt u.a. für den Umgang mit Hausbesetzern, für die auf kultureller Toleranz gründende Integrationspolitik gegenüber Ausländern, für die Arbeit alternativer und sozialorientierter Sanierungsträger, für die Förderung sozialer und baulicher Experimente, für die Beratung und Betreuung der Sanierungsbetroffenen, für den Ausbau kieznaher Partizipationsformen. „Behutsame Stadterneuerung fungiert als eine *örtlich gebundene und spezialisierte Behandlungsform für sogenannte Problemgruppen,* deren Konzept darin besteht, sich flexibel den Wandlungen sozialpolitischer Konfliktkonstellationen anzupassen. Insofern ist sie in der Tat *ein Experiment für einen schön-geschminkten Slum, ein Modell der Verwaltung von marginalisierten Bevölkerungsgruppen.*

Innerhalb Kreuzbergs 36 wirke neben der „behutsamen Stadterneuerung" nach wie vor die unterschiedlichsten wohnungswirtschaftlichen und sozialpolitischen Einflüsse. Ich nenne hier nur die durchaus eigene Interessen verfolgenden öffentlichen Wohnungsbauträger und die privaten Abschreibungsgesellschaften; oder ich erinnere an die vielfältigen Sozialinterventionen, die über Schulen, medizinische Dienste und Beratungseinrichtungen, durch Polizei und Gerichtshilfe, in Freizeitheimen und Kindertagesstätten, vom Sozialamt, vom Arbeitsamt etc. erfolgen. Solche Einflüsse bestimm en in erheblichem Maße die Entwicklung der Wohn- und Lebensverhältnisse in Kreuzberg. Obwohl die Akteure „behutsamer Stadterneuerung" auf diese Bedingungen koordinierend einzuwirken versuchen, fallen ihnen letztlich vor allem die Aufgabenbereiche zu, die von den anderen Institutionen nicht oder nur unzureichend abgedeckt werden.

Auch *einzelne Sozialgruppen,* Hausgemeinschaften, ja selbst Personen erfreuen sich unterschiedlicher Behandlungsformen. So kann es sehr gut passieren, daß etwa der Umgang mit Mieterberatern der IBA im krassen Gegensatz zur Bevormundung durch Sachbearbeiter beim Sozialamt steht. Oder daß eine polizeilich durchsuchte Besetzergruppe von Akteuren „behutsamer Stadterneuerung" anschließend bei Kaffee und Kuchen getröstet wird. Oder daß ein betreuender Experte aus einer „schwarzen Kasse" Geld locker macht, um die Mietrückstände einer Jugendwohngemeinschaft zu decken und so eine Räumungsklage zu verhindern: Diese beliebig auszudehnende Aufzählung beschreibt *kompensatorische Interventionen* der Akteure „behutsamer Stadterneuerung", die zweifellos dazu beitragen, *gesellschaftlichen Konsens* zu sichern.

Mit diesen Beispielen will ich die Existenz eines *Netzwerks* „harter" und „weicher" Interventionen belegt wissen. Ich behaupte jedoch nicht, daß etwa zwischen den Vertretern vorwiegend repressiv operierender Institutionen bzw. informell arbeitenden Kulturanimateuren auf dem anderen Pol notwendig eine Komplizenschaft bestände; noch unterstelle ich das Walten eines ausgeklügelten Plans, der als Zusammenspiel der verschiedenen Interventionsformen bis ins Detail regelt: Es bestehen sowohl spezialisierte Zuständigkeiten, in einigen Bereichen Überschneidungen und unklare Trennungen, für manche Probleme auch widersprüchliche Zielsetzungen. Welche Interventionsformen in diesem Netzwerk an Bedeutung gewinnen oder in den Hintergrund rücken, hängt von der jeweiligen *sozialpolitischen Konstellation* ab.

In der Frage der Hausbesetzer etwa reichen die sich ergänzenden, teils konkurrierenden „Lösungen" von bedingungsloser Duldung, über vertragliche Einbindung, bis zur Pädagogisierung und schließlich zur polizeilich-gerichtlichen Beseitigung des Problems. Dieses Beispiel veranschaulicht sehr gut, wie sich das Zusammenspiel „harter" und „weicher" Interventionen stadträumlich ausdifferenziert und sich wandelnden politischen Bedingungen anpaßt. Mochten auf dem Höhepunkt der „Bewegung" die verantwortlichen Politiker verunsichert und vielleicht sogar über die Vermittlerdienste professioneller Experten erleichtert gewesen sein, so halten sie heute das Gesetz des Handelns wieder in festen Händen — die Spielräume für „weiche" Interventionen verringern und modifizieren sich, ohne daß sie deshalb politisch überflüssig würden.

Ich will nun versuchen, den Sack zuzuschnüren. Wenn wir uns davor hüten, die „behutsame Stadterneuerung" separat zu analysieren und das ihr aufklebende Fortschrittsetikett allzu wörtlich zu nehmen — wenn wir sie also in den ihr zukommenden historischen und politischen Zusammenhang stellen, können wir eine *vorsichtige Prognose* über ihre Zukunft wagen.

Mit einiger Sicherheit dürfte das *goldene Zeitalter „behutsamer Stadterneuerung"* bereits der jüngeren Vergangenheit angehören: Die Bestrebungen des Senats, die IBA organisatorisch zu straffen und wieder enger an die Administration zu binden bzw. die „behutsame Stadterneuerung" über einen privaten Treuhandträger abzuwickeln, sprechen eine klare Sprache; ebenso die unverkennbare Tendenz, etwa die Mittel für Mieterberatung zu reduzieren und sich aus der Mitarbeit an den Partizipationsgremien vor Ort zurückzuziehen. Oder denken wir an die allgemeine politische Entwicklung, Ausgaben für Sozialleistungen noch weiter einzusparen. Hiervon werden besonders die sozialen und kulturellen Aktivitäten „behutsamer Stadterneuerung" in Mitleidenschaft gezogen werden; die Förderung sozialer Experimente wird noch stärker daran bemessen werden, welche Kosten sie verursachen. Aber signalisiert all dies ein Ende „behutsamer Stadterneuerung"?

Dem goldenen Zeitalter wird ein *eisernes* folgen. Wir können derzeit einen Anpassungsprozeß „behutsamer Stadterneuerung" an veränderte sozialpolitische Ausgangsbedingungen verfolgen, in denen sie jedoch ihre wesentlichen Merkmale beibehält. Diese Entwicklung entspricht ebenso der Logik ihres Entstehungszusammenhanges wie sie gleichzeitig ein *notwendiges Resultat der bisherigen Praxis* „behutsamer Stadterneuerung" darstellt: In dem Maße, wie

„behutsame Stadterneuerung" zur Entschärfung der wohnungs- und sozialpolitischen Krise beiträgt, deren Zuspitzung in Kreuzberg 36 erst die Entfaltung ihres fortschrittlichen Instrumentariums ermöglicht hat, verschwindet auch die Notwendigkeit, weitreichende soziale Zugeständnisse zu machen und neue Formen der Sozialintervention zu erproben. Wir befinden uns also derzeit in der *Phase des Übergangs experimenteller Neuerungen in die normale administrative Routine.*

Zweifellos liegt hierin ein Grund, warum sich die Reformeuphorie etlicher Akteure „behutsamer Stadterneuerung" langsam in Katzenjammer verwandelt: Der Schwung vergangener Jahre ist dahin, und die Rolle des Nachlaßverwesers behagt manchem weniger als die des Gipfelstürmers. Ich sage dies ohne die klammheimliche Freude desjenigen, der es angeblich schon immer gewußt hat. Auch weiß ich, wie schmerzlich es sein kann, die eigene Identität durch einen gescheiterten Anspruch in Frage gestellt zu sehen. Meine Kritik richtet sich nicht gegen die Akteure „behutsamer Stadterneuerung" als einzelne Personen, sondern beabsichtigt die Machtstrukturen aufzudecken, die sie durch ihre Praxis erneuert und gefestigt haben.

Wie „erfolgreich" sie aus herrschender Perspektive gearbeitet haben, wird sich unter anderem daran erweisen, inwieweit soziale Krisen künftig präventiv gesteuert werden können; und *daß* als Folge anhaltender Massenarbeitslosigkeit, steigender Wohnungskosten und ökonomischen Strukturwandels neue soziale Konflikte drohen, dürfte kaum zur Diskussion stehen. Jedenfalls meinen gewisse auswärtige Experten, in der „behutsamer Stadterneuerung" *ein Entwicklungsmodell für innerstädtische Krisengebiete* gefunden zu haben. Ob sie, zumindest was die konkrete Kreuzberger Entwicklung betrifft, recht behalten, hängt womöglich *auch* von den Akteuren „behutsamer Stadterneuerung" ab: Die Frage ist, ob sie sich auch weiterhin auf die *Scheinalternative* einlassen, die Fortschritte „behutsamer Stadterneuerung" gegen die vermeintliche politische Trendwende zu verteidigen. Vielleicht gibt es ja einen „dritten Weg" *— links von Hämer und Lummer.*

Keine Zusammenfassung

Es soll Bücher geben, die bereits im Hinblick auf zu erwartende Rezensionen abgefaßt werden. Dagegen läßt sich vielleicht nichts einwenden, wenn die beabsichtigten Aussagen provozieren sollen: Dann nämlich begleitet ein fiktiver Dialog zwischen Autor und Leser den Prozeß des Schreibens. Und wenn ein Intellektueller eine intellektuelle Kritik an der Praxis anderer Intellektueller vorbringt, darf er den unausbleiblichen Einwand förmlich erwarten. Er lautet: *akademische Praxisferne.*

Und tatsächlich bleibt in meiner bisherigen Argumentation eine wichtige praktisch-politische Frage offen: *Was wird mit den „Betroffenen"?* Und sofort schließen sich weitere Fragen an: Dürfen wir sie mit ihren Problemen allein lassen? Benötigen sie nicht dringend unsere Hilfe? Müssen wir nicht zumindest Voraussetzungen schaffen, daß sie sich selber helfen können?

Nun ist es eine Sache, diese Fragen zu stellen; gerade wer unter dem Handlungsdruck der Praxis steht, wird dies notwendig tun. Weitaus schwieriger und vielleicht auch unangenehmer dürfte aber sein, sie auch ehrlich zu beantworten — dann jedenfalls, wenn man die Bedingungen und Grenzen institutioneller Veränderungspraxis nicht ignoriert oder verklärt.

Denn eine politische verantwortungsbewußte Antwort setzt die Bereitschaft voraus, sich über die eigenen Möglichkeiten und Fähigkeiten sowie die Motivationen des eigenen Engagements Klarheit zu verschaffen: Moral und guter Wille helfen nicht viel weiter. Stattdessen sollten wir uns fragen: Inwieweit können wir die Lage der „Betroffenen" tatsächlich ändern helfen? Welchen Preis zahlen die „Betroffenen" für erzielte Fortschritte? Wie können wir verhindern, daß unsere Arbeit letztlich doch gesellschaftliche Macht konsolidiert?

Doch geht es nicht allein, nicht einmal vorwiegend, um die Praxis der Intellektuellen. Wer sein Geld als *Zustimmungsfunktionär,* als *Techniker der Macht* verdient, sollte sich nicht vorgaukeln, *emanzipativ* im Sinne der „Betroffenen" handeln zu können. Schon der inflationäre Gebrauch des Ausdrucks *„Betroffene"* signalisiert, aus welcher Perspektive die Experten die Menschen in Kreuzberg sehen: Sie kennen im wesentlichen nur deren entfremdete, verdinglichte und verschobene Bedürfnisse. Ihre Rezepte laufen darauf hinaus, die Methoden gesellschaftlicher *Bedürfnisverwaltung* zu humanisieren: Dies ist ihr institutionelles Mandat.

Sicherlich gibt es nicht wenige Akteure „behutsamer Stadterneuerung", deren politische Ansprüche sich nicht mit ihrem institutionellen Auftrag decken. In ihrer Praxis als *professionelle Experten* jedoch bleiben sie an den Rahmen sozialer Kontrolle, präventiver Konfliktvermeidung und staatlicher Gesellschaftsplanung gekettet: Sie sind nicht nur Subjekte, sondern auch *gleichzeitig Objekte* gesellschaftlicher Macht. Sie sind in Strukturen eingebunden, die ihnen — womöglich noch mehr als den „Betroffenen" — verhüllen, daß sie gesellschaftliche Probleme und Widersprüche bloß verschieben und technisch behandeln aber nicht lösen.

Wenn wir diesen Sachverhalt verstanden und zu ändern beschlossen haben, sollten wir mit der Diskussion beginnen, welche Praxis die gesellschaftliche Unterdrückung der „Betroffenen" tatsächlich aufzubrechen vermag.

Dabei dürfte eins feststehen: Eine emanzipative Praxis muß die vorgegebene Verklammerung von professioneller Kompetenz und gesellschaftlicher Macht auflösen. Die professionellen Experten müssen aufhören, die Richtung und die Wege des soziopolitischen Wandels vorzugeben und damit zu begrenzen. Wenn sie sich auf die Suche nach Möglichkeiten begeben, die Situation der „Betroffenen" zu verändern *und gleichzeitig* ihre Rolle als Techniker der Macht abzulegen (denn sie selbst sind ein Teil des Problems), betreten sie zwangsläufig politisches Neuland. Dort verlieren sie jegliches Recht, sich als vermeintlich führende Köpfe aufzuspielen. Sie müssen beginnen, neu zu lernen und auch aus ihren Gedanken und Gefühlen die Logik ihrer alten Auftraggeber zu verbannen.

Was die sogenannten Betroffenen angeht: *Vielleicht sind sie ja die neuen Auftraggeber.*

Ausleitung:

Wir alle sind Kinder unserer Zeit

Der Intellektuelle, Kind der Bourgeoisie, konnte in diesem ambivalenten Spiel, das ein Spiel mit Symbolen war, Partei für die Unterdrückten ergreifen, ohne die Werte, denen er in seinem Beruf verpflichtet ist, neu orientieren zu müssen. Er blieb seinem Metier treu, das den Ideologien verhaftet war und blieb, die die Mächtigen mit Billigung der Wissenschaft verbreiteten. Kurz, er amtierte weiterhin — bewußt oder nicht — als „Angestellter" oder „Funktionär" der Herrschaft.

(FRANCA UND FRANCO BASAGLIA)

Die wissenschaftlich kritische Auseinandersetzung wird sich nicht nur auf Teilbereiche einer künftigen Stadtentwicklung beschränken, sondern ganz allgemein die Rolle der Stadt in der Landesentwicklung einbeziehen und dabei die naturräumlichen Grundlagen ebenso berücksichtigenn wie die städtebaulichen und sozialen Probleme bei der Bildung bzw. Erhaltung von Stadtquartieren mit ihrem spezifischen Milieu.

(DIETER STOBBE / HARRY RISTOCK)

Ein emanzipatives Erkenntnisinteresse kann nicht gleichgesetzt werden mit einem politisch motivierten Zwangsoptimismus, der überall den guten Kern aufspürt ... Die Theoriearbeit muß Unbequemes zur Sprache bringen, gerade gegenüber den „eigenen Leuten".

(TOM ZIEHE)

Wir alle sind Kinder unserer Zeit

In einer seiner derzeit modischen Schriften erklärt *Umberto Eco*, der Raum der Mutmaßung gleiche einem *Labyrinth dritten Grades*, das weder ein Zentrum noch eine Peripherie, und auch keinen Ausgang besitze. Daher bin ich froh, schließlich doch zu einem Ende dieses Textes gefunden zu haben: Der Kern meiner Ausführungen beruht nämlich hauptsächlich auf *Mutmaßungen.*

Nun interessiert natürlich, wie ich zu solchen Mutmaßungen komme. Solche Neugier ist völlig berechtigt, da ich mit meinen Überlegungen doch ziemlich allein auf weiter Flur stehe: Nicht die „Betroffenen", nicht die Sanierungsexperten, nicht die kritische Wissenschaft, nicht einmal die alternative Szene — niemand scheint meine Mutmaßungen zu teilen.

Es macht mich zwar verlegen, aber ich will es doch zugeben: Ich verdanke meine Mutmaßungen der zufälligen Lektüre eines Zeitungsartikels von *Umberto Eco* über Kriminalromane, den ein Arbeitskollege, ich glaube aus der „Frankfurter Rundschau", ausgeschnitten hatte. Denn ich arbeite (habe ich das schon erwähnt?) an einem Forschungsinstitut, daß sich kritisch mit Fragen der Stadterneuerung beschäftigt. Mir hatte es schon seit Monaten Schwierigkeiten bereitet, in die chaotische Entwicklung Kreuzbergs so etwas wie einen *roten Faden* hineinzubekommen: Da half es nichts, „kasuistisch" oder „explorativ" vorzugehen, das heißt sich gewissermaßen *kopfüber* in das empirische Feld zu stürzen. Aber auch mein etwas angestaubter Seminarmarxismus aus Studentenzeiten ließ mich im Stich; ökonomische Krise, Staatsableitungen, Arbeiterklasse — dies alles wollte kein Bild ergeben.

Deshalb dachte ich mir: *Warum versuchst Du es nicht wie der Detektiv im Krimi?* Auf diesen Gedanken wäre ich wahrscheinlich gar nicht gekommen, hätte *Eco* nicht ausdrücklich darauf hingewiesen, daß dies ein durchaus seriöses Verfahren sei: Sogar *Kepler* soll so vorgegangen sein, als er herausfand, daß die Planetenbahnen elliptisch verlaufen. *Also*, sagte ich mir, *warum nicht, da bist Du in guter Gesellschaft.*

Kurzum: Ich nahm Zuflucht zur Detektivmethode. *Umberto Eco* nennt sie *Abduktion* oder auch Konjektur. (Abduktion soll übrigens was mit Entführung zu tun haben.) Ich weiß jedoch nicht genau, ob sich meine Abduktion auf der ersten oder zweiten Ebene abspielt; *Eco* behauptet, es gebe mindestens drei Ebenen. Aber egal welche Ebene, auf jeden Fall müsse man, wenn man schon eine Abduktion vornimmt, eine Wette riskieren, daß die für richtig gehaltene Lösung der *wirklichen Welt* entspricht.

Mein Großvater hat mir immer eingeschärft: *Wer wetten will, will betrügen!* Also, in diesen Geruch will ich nicht kommen: Ich wette zwar, aber nicht um Geld.

Welche Lösung ich mir ausgedacht habe, das sonderbare Durcheinander in Kreuzberg 36 zu ordnen und zu verstehen? Nun, ich habe mir vorgestellt, die in Kreuzberg handelnden Personen seien *Schauspieler*. Sie spielten sozusagen Rollen: Aber nicht richtige, wie auf der Bühne, sondern improvisierte, ähnlich wie im alten *Théâtre Italien*. Aber damit war ich noch nicht viel weiter; ich kannte das *Drehbuch* noch nicht.

Wenn es aber kein Drehbuch gäbe? Das konnte bei einem derartig konfusen Stück sehr gut der Fall sein. Auch vermißte ich die *ordnende Hand des Regisseurs*; es schienen mehrere Regisseure im Spiel zu sein, die überdies gegeneinander arbeiteten und verschiedentlich auch zurücktraten oder ausgewechselt wurden.

Wie ich die Sache auch drehte und wendete, offensichtlich befand ich mich in einer Sackgasse. In dieser vertrackten Situation half mir diesmal nicht *Umberto Eco*, sondern daß ich in einer tiefen Beziehungskrise steckte: Während mancheiner an meiner Stelle eine Therapie begonnen hätte, suchte ich Klärung in der *Lektüre kritischer Bücher zur Psychoanalyse*. Dieses Verhalten mag man darauf zurückführen, daß ich ein Intellektueller bin — vielleicht war auch einfach mein Leidensdruck nicht groß genug.

Während ich also vor mich hinlas, durchströmten mich die verschiedensten *Assoziationen*; so kann es einem bei der Psychoanalyse wohl immer ergehen. Unter anderem erwuchsen mir Zweifel, *mit welcher Art von Stück* ich es in Kreuzberg zu tun hatte.

Bislang war ich stets davon ausgegangen, einer städtebaulich-sanierungspolitischen Inszenierung beizuwohnen. Nun aber verdichtete sich die Vermutung, daß die Handlung einem *heimlichen Lehrplan* aus Psychologie oder Sozialpädagogik folgte. Wäre es nicht denkbar, daß sich die Kreuzberger Entwicklung verstehen ließe, wenn ich sie auf dem *Raster* pädagogischer und psychologischer Kategorien abbildete?

Dieser Gedanke schlug mich in seinen Bann. Er besaß den unzweifelhaften Vorteil, daß ich die mir zum Teil sympathischen Kreuzberger Akteure nicht als konkrete Personen anzugreifen gezwungen wäre: Bei einem heimlichen Lehrplan wissen bekanntlich oft auch die Lehrer nicht, was läuft. Von solchen Gewissensbissen befreit (na ja, vielleicht doch nicht so ganz), begann ich mich für die Idee zu begeistern, den roten Faden für die Entwicklung Kreuzbergs sozusagen *von außerhalb* zu spinnen.

Damit war der erste Schritt zu einer Abduktion getan. Dann bekam die Sache eine ziemliche *Eigendynamik*: Ich verschlang in der folgenden Zeit eine Menge weiterer psychologischer, pädagogischer, ethnologischer und kulturtheoretischer Bücher. Ich hätte von *Umberto Eco* gewarnt sein können; die Bücher sprachen förmlich miteinander.

Mich erstaunte am meisten, daß — wenn ich nur daran dachte, und das tat ich fortwährend — die Bücher alle von Kreuzberg handelten. Vielleicht bestätigten sie auch bloß ein vorurteilhaftes Bild, das ich mir von Kreuzberg gemacht habe. Oder ich habe sie schlicht nicht verstanden. Wie dem auch sei — das Labyrinth kam mir jetzt vor wie ein *Geflecht von Zusammenhängen*, die sich gegenseitig erneuern und verändern.

Vor allem beunruhigte mich, daß dieses Netzwerk sich ständig bewegte. Zwar war mir nicht neu, daß Geschichte ein Prozeß ist; aber ich hatte die fixe Idee, das Kreuzberger Geschehen in gegeneinander starr abgegrenzte *Phasen* einteilen zu müssen, aus denen ich dann die Bewegungen im Netz *ableiten* könnte. (In manchen Dingen bin ich ein ziemlich konservativer Mensch: Im Urlaub fahre ich am liebsten an Orte, die ich bereits kenne, an denen ich mich ohne große Schwierigkeiten zurechtfinde.)

Freilich kann es nichts schaden, über den eigenen Schatten zu springen und lieb gewordene (Denk-)Gewohnheiten abzulegen. Doch hierzu bedarf es zumeist eines äußeren Anstoßes: Denn unser Verstand gleicht einem geschäftigen Affen, der seinem eigenen Schwanz nachjagt. (Diese Weisheit stammt nicht von *Eco*, sondern von einem alten *Zen-Meister*.)

Mein Anstoß (welch scheußliches Wort) vollzog sich, als ich *meine Sozialarbeitervergangenheit* aufarbeitete: Mir fiel auf, daß es für die Jugendlichen, mit denen ich zusammengearbeitet hatte, eigentlich kaum einen Unterschied machte, ob ein Pädagoge nun besonders fortschrittliche Konzepte im Kopf hat oder nicht. Ihnen schien viel wichtiger zu sein, daß sich jemand auf sie als reale Persönlichkeiten einläßt, eine Beziehung mit ihnen eingeht; und sie waren immer dann mißtrauisch, wenn sie sich lediglich als *Repräsentanten von gesellschaftlichen Problemen mißbraucht fühlten.*

Aus dieser Zwickmühle gab es offenbar keinen Ausweg: Sicherlich mochte ich „meine" Jugendlichen ganz gern; andererseits verpflichtete mich meine *Berufsrolle* dazu, stellvertretend für die Jugendlichen zu agieren, ihnen Vorschriften zu machen, als Funktionär der mich bezahlenden Institution aufzutreten. Zwar bemühte ich mich, möglichst wenig repressiv und ein *guter* Anwalt der „objektiven" Bedürfnisse der Jugendlichen zu sein; ich war und blieb jedoch in der Rolle des „Kopfes", des Lenkers, der die Jugendlichen auch als Objekte behandelte: Vielleicht war ich netter und freundlicher als andere Sozialarbeiter, vielleicht hatte ich sogar fortschrittliche und neue Formen der Sozialarbeit mitentwickelt und erprobt — im Grunde genommen unterschied sich mein Verhalten von dem anderer Kollegen kaum. Und dies machten mir die Jugendlichen gerade in Konfliktsituation immer wieder deutlich.

Diese Erfahrung schien sich auch auf die Kreuzberger Verhältnisse übertragen zu lassen: Warum sollte ich das labyrinthische Geflecht von Zusammehängen künstlich in zeitliche Phasen *zerstückeln*? Traf es nicht eher zu, daß die bestimmenden gesellschaftlichen Kraftlinien sich durch die gesamte Entwicklung ziehen und nur bisweilen ihre *äußere Form* ändern? Und wenn dies so wäre: Ließen sich die Handlungen der Darsteller dann nicht aus dem Wechselspiel verschiedener Kraftlinien bestimmen, deren Antriebskraft und Lenker sie gleichzeitig sind?

Also versuchte ich mir ein Bild der Kraftlinien zu machen, auf denen sich die verschiedenen Akteure bewegen. Recht bald bildete sich eine *Struktur* von Berührungspunkten, Schnittflächen, Gleichförmigkeiten und Abweisungen heraus.

Nun kam es darauf an, diese Struktur zu erklären. Entspringt sie einer gesellschaftlichen Gesetzmäßigkeit? Entwickelt sie sich zufällig? Ist sie vollständig determiniert? Wer kann sie verändern? Ich habe mich entschieden, sie als *Resultat eines gesellschaftlichen Widerspruchs* zu begreifen, der beständig durch die Nöte, Probleme, Bedürfnisse, Hoffnungen und Wünsche der beteiligten Menschen reproduziert *und* infrage gestellt wird.

So weit also der Entstehungszusammenhang meiner Mutmaßungen. Ob sie als wissenschaftlich gelten können, bezweifle ich. Wohin kämen wir auch, wenn sich Wissenschaft auf biographische Zufälle beriefe? Aber vielleicht liege ich ja mit *Umberto Eco* und dem Detektivroman richtig: Was so modern ist, kann gar nicht falsch sein. Oder hätte ich mich lieber an den alten *Marx* halten sollen, der zweifellos auch den Detektiv als *Ideologen* entlarven würde, weil dieser zwar ein Verbrechen aufdeckt, aber letztlich gesellschaftliche Vorgänge doch bloß *interpretiert.*?

Nun kommt es allerdings nur zu einer *Umwälzung* gesellschaftlicher Verhältnisse, wenn man die sie verhüllenden *Mythen* beiseite schiebt: Insofern könnten meine Mutmaßungen über die *Statik* „potemkinscher Dörfer" den Weg für eine *Dynamik* der Kreuzberger Entwicklung freilegen.

Wie das funktionieren soll? Ich benutze den Ausdruck „Mutmaßung" nicht aus Vorsicht: um etwa bestimmte Aussagen abzuschwächen oder später zurücknehmen zu können. Ich wäre ein schlechter *Eco-Leser*, wüßte ich nicht, daß gesellschaftliche Strukturen sich auf sehr verschiedene Weise und in unterschiedlichen Richtungen interpretieren lassen: Meine Mutmaßungen sind in dem Maße *offen*, wie die von ihnen angesprochenen Probleme auf eine Lösung warten; sie sind nicht *fertig*, nicht *abgeschlossen*, weil sie in einen Auseinandersetzungsprozeß zielen, dessen Ausgang höchst ungewiß ist.

Um was es mir geht: Ich möchte die Leser gern zu *Komplizen* machen; zu Komplizen nicht *einer bestimmten* Interpretation, die sich als *Ersatz der herrschenden Mythen* aufdrängt, sondern auf der Suche nach Alternativen. Und solche Alternativen entstehen nicht aus sogenannten wissenschaftlichen Wahrheiten: Sie erwachsen aus der Eröffnung eines *Möglichkeitsfeldes*, in dem sich das Denken, Fühlen und Handeln der beteiligten Menschen *politisch* befreit.

Karl Marx schreibt.*„Die Menschen machen ihre eigene Geschichte, aber sie machen sie nicht aus freien Stücken, nicht unter selbstgewählten, sondern unter unmittelbar vorgefundenen, gegebenen und überlieferten Umständen."* Und eben diese „Umstände" gilt es, theoretisch wie praktisch zu entmystifizieren: Sie sind weder natürlich, noch sind sie vernünftig; in ihnen reproduzieren sich Herrschaftsverhältnisse. Und diese sind *veränderbar.*

Forschungsschwerpunkt Stadterneuerung
Fachbereich Architektur
Hochschule der Künste Berlin

Der FSP Stadterneuerung

- besteht seit 1979 als Forschungseinrichtung des Fachbereichs Architektur an der Hochschule der Künste Berlin
- will mit seiner Tätigkeit dazu beitragen, die Stadt für ihre Bewohner zurückzugewinnen und arbeitet dafür in praxisverbundener Forschung, Entwicklung, Dienstleistung und Lehre zur Stadterneuerung
- hat Tätigkeitsfelder entwickelt,
  - von der Erarbeitung städtebaulicher und wohnungspolitischer Alternativen (Beginn: Hämer u. a.: Kostenanalyse der Modellmodernisierung von Altbauten, Passau 1976)
  - über neue Ansätze bewohnerorientierter Stadterneuerung (z. B. Hirsch-Borst, Krätke, Schmoll: Stadterneuerung ohne Spekulanten, Berlin 1982),
  - Untersuchungen über soziale Beziehungen im Stadtereuerungsprozeß (z. B. Gude, von Oertzen, Schumann: Die materiellen und sozialen Lebensverhältnisse von Kindern in Kreuzberg SO 36, Berlin 1982; oder Homuth: Jugendliche in Kreuzberg, Berlin 1981)
  - laufende Auswertungen und Dokumentation der Bevölkerungsstruktur in Stadterneuerungsgebieten (G. Schäfer)
  - Überlebenschancen des kleinen und mittleren Gewerbes (z. B. Bodmann: Verdrängung von Gewerbe und Arbeitsplätzen in Stadterneuerungsgebieten, in SO 36, Berlin 1982)

- Fallstudien zum Stadterneuerungsprozeß (Chr. Schäfer)
- bautechnische Untersuchungen —u. a. mit dem „fahrbaren Untersuchungslabor" —und baugutachterliche Stellungnahmnen zur erhaltenswerten Altbausubstanz (Spandau, Stanke, Wilberg, Parkinson, Zobel)
- bis zu neubegonnenen Tätigkeitsfeldern wie Physik der Bausubstanz (Zobel), Ausländerfrage (Decdeli, von Oertzen), zukünftige Strategien von Stadterneuerung und Stadtentwicklung (Brunn), Umstrukturierung der Bauwirtschaft (Hentschel)

▶ befaßt sich derzeit verstärkt mit der Auswertung der Erfahrungen behutsamer Stadterneuerung in Berlin-Kreuzberg —Internationale Bauausstellung 1984/87 — und der Entwicklung von Strategien für die Erneuerung städtischer Problemgebiete der Zukunft

▶ beschäftigt Architekten/innen, Planer und Bauingenieure, Sozialwissenschaftler/innen und einen Naturwissenschaftler in interdisziplinären Projekten

▶ steht für Anfragen nach Material, Publikationen und Hinweisen jederzeit zur Verfügung und lädt auch dazu ein

Leitung:
Prof. Dr. Ekkehard Brunn (als Gast)
Prof. Hardt-Waltherr Hämer (beurlaubt)

Postanschrift:
FSP Stadterneuerung
Hochschule der Künste Berlin
Postfach 12 67 20
1000 Berlin 12

Sitz:
Bundesallee 1-12
Südflügel
1000 Berlin 15
☎ 030/31 85(0)-2330

Die Ökotopia Ausbildungs- und Handelsgesellschaft wurde 1980 gegründet, um Lehrlinge im kaufmännischen Bereich auszubilden. Dies soll unter "Marktbedingungen", also mit Ernstcharakter und nicht in einer Übungsfirma geschehen.

Nach ersten Erfahrungen mit Jugendlichen bei der Durchführung eines berufsvorbereitenden Lehrgangs wurden im September 1981 die ersten Azubis eingestellt.

ÖKOTOPIA

Handels- u. Verlagsgesellschaft m.b.H.

Gneisenaustr. 2/ MehringHof
1000 Berlin 61
Tel.: (030) 6913064

Unsere Zusammenarbeit basiert auf der kollektiven Selbstverwaltung und dem Anspruch, die Arbeitsvorgänge transparent und weniger entfremdet zu machen.
Unser finanzielles Standbein ist der Handel, aus dem alle Mitarbeiter voll bezahlt werden, d.h., wir bekommen keinerlei Zuschüsse von außen. Wir versuchen, unsere Produkte nicht nach der höchsten Gewinnerwartung auszuwählen, sondern berücksichtigen dabei ökologische und politische Kriterien.

Der Groß- und Einzelhandel vertreibt Tee, Kaffee aus Nicaragua, Wein, Säfte und Umweltschutzpapier - im Verlagsprogramm erscheinen Bücher und Schallplatten.
Neben Handel und Ausbildung unterhalten wir Kontakte zu wissenschaftlichen und öffentlichen Stellen und anderen Kollektiven, mit denen wir neue Ausbildungs- und Arbeitskonzeptionen entwickeln wollen.

ÖKOTOPIA
Wilfried Hülsmann/Matthias Münstermann:
DURCHBRUCH
ST(A)TT ABBRUCH
Nützliches zur Häuserselbsthilfe

meine Straße – deine Straße

Materialien zur Verkehrsberuhigung

Baubüro Schöneberg Hrsg.

1000 Berlin 62 Langenscheidtstr. 6 Tel: 030/7811050

Autoren: Alexander Rudolphi, Norbert Rheinlaender und Udo Möller

Verlag : ÖKOTOPIA Handels- und Verlags-GmbH
Gneisenaustraße 2, 1/61

ISBN 3-923648-01-4

Was Fürst Potemlein mit der Fürstin Katharina trieb

Hans Traxler

(aus: pardon Juli 1973)